Spielerische Hundeerziehung

Inhalt

Einleitung

Wahrscheinlich hast du dieses Buch aufgeschlagen, weil du auf der Suche nach neuen Trainingsmethoden für deinen Hund bist. Wer einen Hund trainieren will, muss ihn natürlich mit Respekt behandeln; genauso wichtig ist es aber, ihn zu verstehen. Wenn du weißt, worauf er empfindlich reagiert, wie er tickt und wie er mit seinen Emotionen umgeht, kannst du ihm bestimmte Verhaltensweisen beibringen und andere korrigieren – und Spaß macht es euch auch noch, da ein gutes Hundetraining Mensch wie Vierbeiner viel Freude und Vergnügen bietet.

Spielen ist ein fantastisches Werkzeug im Training, denn mit Spaß an der Sache lernt es sich viel leichter. Und das Beste: Du kannst mit deinem Hund in jedem Alter trainieren, weil Hunde ihr Leben lang spielen. Ganz egal, ob du in einer Stadtwohnung oder in einem Haus mit Garten lebst: In diesem Buch lernst du Schritt für Schritt, wie du mit Spielzeug, Futter oder sogar ganz ohne Zubehör mit deinem Hund spielen und ihm Tricks beibringen kannst – und gleichzeitig spielerisch sein Selbstbewusstsein und seine Gelassenheit stärkst. Bei allen Spielen kann sich dein Vierbeiner austoben und gleichzeitig seinen Kopf einsetzen, denn er braucht nicht nur körperliche, sondern auch geistige Stimulation. Er lernt aber auch angemessenes Verhalten zu Hause, beim Gassigehen und in Gesellschaft anderer Hunde und Menschen.

In diesem Buch verrate ich dir Techniken und Tricks, die ich mir als Hundetrainerin und Verhaltensexpertin im Lauf der Zeit erarbeitet habe. Und jetzt bist du dran: Probier alles aus und nimm das Buch ruhig immer wieder zur Hand, um dein Wissen zu vertiefen oder einfach nochmals nachzuschlagen. Vor allem aber gilt: Genieß die gemeinsame Zeit mit deinem Hund.

Viel Spaß euch beiden!

TEIL 1

Warum Spielen das beste Training ist

SPIELEN im positiven Hundetraining

Das positive Hundetraining liegt dem Spiel als Trainingmethode zugrunde. Es basiert darauf, den Hund zu respektieren und auf seine Empfindungen Rücksicht zu nehmen. Um ihm neue Verhaltensweisen beizubringen und andere abzutrainieren, muss der Vierbeiner lernen, seine Emotionen zu regulieren, motiviert zu bleiben und sich an seine Umgebung anzupassen. All diese Fähigkeiten vermittelst du ihm beim Spielen!

Hunde behalten ihr Leben lang bestimmte Verhaltensweisen und körperliche Merkmale ihrer Jungtierzeit bei – eine direkte Folge der Domestizierung. Im Spiel lassen sich Hunde jeden Alters auf eine Vielzahl von Verhaltensweisen trainieren. So verbessert das Spielen nicht nur ihre Impulskontrolle, sondern trainiert auch ihre Anpassungsfähigkeit.

Das Zusammenspiel von Domestizierung und instinktivem Verhalten sorgt dafür, dass auch ausgewachsene Hunde in ihrem Verhalten formbar sind.

Funktionen des Spiels

Mit seinem Hund zu spielen, hat viele Vorteile: Er kann sich austoben, die gemeinsame Unternehmung stärkt die Bindung zwischen euch, er lernt etwas und du kannst unerwünschte instinktive Verhaltensmuster abschwächen. Allerdings kann eine schlecht vorbereitete Spieleinheit auch zu Verhaltensproblemen führen. Achte also darauf, dass sich dein Hund nicht überanstrengt und in einen übermäßigen Erregungszustand gerät. Jede Spieleinheit muss für ihn angenehm verlaufen, damit sie eurer Beziehung nicht schadet und auch kein unerwünschtes Instinktverhalten verstärkt.

Nicht das Spielen an sich ist gut oder schlecht – entscheidend ist, auf welche Art und Weise ihr spielt!

In diesem Buch zeige ich dir, wie du Spiele mit deinem Vierbeiner richtig angehst. Du wirst nachvollziehen können, warum es am besten ist, sich nach ihm zu richten. Denn es gibt nicht nur eine einzige Methode, auf richtige Art und Weise mit einem Hund zu spielen, sondern eine Vielzahl unterschiedlicher Möglichkeiten.

GUT ZU WISSEN: INSTINKTIVES VERHALTEN

Um zu verstehen, wie sich Spielen auf den Lernprozess auswirkt, werfen wir zunächst einen genaueren Blick auf hundetypisches Verhalten. **Instinktives Verhalten,** auch **intrinsisches Verhalten** genannt, ist genetisch vorgegeben und muss nicht erlernt werden. Hunde kommen also mit einer Reihe von Verhaltensweisen auf die Welt, die ihr Überleben sichern sollen.

- **Dieses instinktive Verhalten erfüllt drei grundlegende Funktionen: fressen, nicht gefressen werden und sich fortpflanzen.** Wenn ein Verhalten deines Hundes eine dieser Funktionen erfüllt, handelt es sich höchstwahrscheinlich um intrinsisches Verhalten. So sind etwa Jagdverhalten (fressen), Sicherheitsverhalten (nicht gefressen werden) oder Aufreitverhalten (sich fortpflanzen) genetisch programmierte Verhaltensweisen.

- **Eine weitere Besonderheit: Diese Verhaltensweisen verstärken sich selbst.** Wenn ein Hund instinktives Verhalten zeigt, etwa Jagen, belohnt er sich mit dem Ausführen dieses Verhaltens selbst. Das ist von zentraler Bedeutung, denn diese Verhaltensweisen verschwinden nicht von allein, auch wenn du sie vollkommen ignorierst. Das liegt daran, dass allein schon die Handlung an sich für deinen Vierbeiner eine positive Verstärkung – und damit die schönste Belohnung – darstellt.

- **Der dritte wichtige Punkt: Instinktive Verhaltensweisen können angepasst werden.** Obwohl sie genetisch vorgegeben sind, lassen sie sich durch Erfahrungen verändern.
Nehmen wir ein konkretes Beispiel außerhalb des Spielens: die Ressourcenverteidigung beim Fressen. Ein Hund, der sein Futter verteidigt, will instinktiv nur überleben. Es handelt sich also um Instinktverhalten. Erfährt er jedoch niemals Futtermangel und wird ihm sein Fressen nie weggenommen, entwickelt er dieses Verhalten gar nicht. Instinktives Verhalten kann sich also an die Umwelt anpassen – es tritt ohne Lernen auf, wird aber durch Erfahrungen geformt.

Spielen dient als gutes Beispiel hierfür. Es ist ein komplexes Verhalten, das auf angeborenen Instinkten aufbaut, sich aber durch Lernen über das ganze Leben deines Hundes hinweg weiterentwickelt. Mit anderen Worten: Durch Spielen kann dein Vierbeiner sowohl instinktive Verhaltensweisen ausleben als auch neue Fähigkeiten erlernen.

Um dich beim Spielen auf deinen Hund einzustellen, solltest du zuerst sein Verhalten verstehen und herausfinden, was er mag und was nicht. Dabei wirst du seine »wahre Natur« erkennen – die beste Möglichkeit, auf dieser Grundlage eine besonders bereichernde Beziehung zu ihm aufzubauen. Obendrein hast du gleich eine fantastische Methode der positiven Verstärkung an der Hand, um ihn zu einem umgänglichen Begleiter zu erziehen!

Was ist positives Hundetraining?

Bevor du lernst, wie du deinen Vierbeiner am besten im Spiel trainierst, müssen wir erst einmal den Ansatz definieren, der das Gerüst dieses Buches bildet – nämlich das positive Hundetraining.

Bei dieser Methode geht es darum, deinem Liebling etwas beizubringen und gleichzeitig seine Emotionen zu berücksichtigen, die mit dem Lernprozess verknüpft sind. Dabei soll er auch lernen, seine Emotionen besser zu kontrollieren. Mit anderen Worten: Positives Hundetraining soll erreichen, dass der Vierbeiner über eine gute Emotionsregulierung verfügt, motiviert lernt und sich in der Umgebung, in der wir ihn trainieren, gut anpassen kann.

Die Rolle der Emotionen ist also entscheidend. Sehen wir uns deshalb an, was Emotionen eigentlich sind und wie sie sich auf das Training auswirken.

POSITIVES HUNDETRAINING

Ich selbst bin seit 2009 Hundetrainerin und habe miterlebt, wie sich die Methoden und Trainingsansätze weiterentwickelt haben. Auch den Aufschwung des positiven Hundetrainings habe ich im Lauf der letzten 15 Jahre verfolgt – und ehrlich gesagt, war ich zunächst skeptisch. Durch Weiterbildung und praktische Anwendung wurde dieser Ansatz dann jedoch zu meiner Arbeitsphilosophie und zu einem zentralen Bestandteil meines Trainings. Erst musste ich allerdings für mich definieren, was positives Hundetraining ist, und meine limitierenden Glaubenssätze zu diesem Ansatz über Bord werfen.

Was ist eine Emotion?

Eine Emotion zeigt sich vor allem in unwillkürlichen Reaktionen des Körpers – besonders wenn wir sie intensiv empfinden. Das kann ein schneller Herzschlag, die Ausschüttung bestimmter Hormone oder die Aktivierung gewisser Gehirnbereiche sein. Damit ist sichergestellt, dass wir auf eine Situation blitzschnell reagieren können.

An diese physiologische Reaktion schließt sich eine Verhaltensreaktion an. Auch dieses Verhalten ist nicht willkürlich steuerbar, wenn die Emotion zu stark ausgeprägt ist.

Dieser Mechanismus ist sehr sinnvoll, wenn es um Emotionen geht, die uns bei

Marie mit ihrem ängstlichen Dackel Cody, der im Spiel lernt, sich zu entspannen.

Gefahr in Sicherheit bringen sollen: Wenn wir einer unmittelbaren Bedrohung gegenüberstehen, reagieren wir reflexartig, also schnell und unbewusst, um ihr zu entkommen. Beim Anblick einer Spinne etwa flüchten manche Menschen blitzschnell, ohne groß nachzudenken!

Zu jedem Lernprozess gehören Emotionen untrennbar dazu, weil unsere Reaktionen entweder verstärkt oder bestraft werden. Und dies führt entweder zur Wiederholung oder zur Vermeidung dieser Verhaltensweisen.

Deshalb achten wir im positiven Hundetraining darauf, stets nur angenehme Emotionen bei unserem Vierbeiner hervorzurufen. Gleichzeitig bringen wir dem Hund aber auch bei, seine Emotionen – oder Impulse – besser zu kontrollieren.

Emotionen können angenehm oder unangenehm sein. In der Fachsprache sagt man, sie haben eine positive oder negative Valenz. Sie können dämpfend (beruhigend) oder aktivierend (erregend) sein. Auf dieser Grundlage lassen sie sich in vier Gruppen einteilen:

- angenehme, aktivierende Emotionen (Beispiel: Freude);
- angenehme, dämpfende Emotionen (Beispiel: Gelassenheit);

HÄUFIGE FRAGEN

BEDEUTET POSITIVES HUNDE-TRAINING, NIEMALS GRENZEN ZU SETZEN?
Hundeerziehung hat immer das Ziel, Regeln zu schaffen, die ein harmonisches Zusammenleben von Mensch und Hund ermöglichen. Das Besondere am positiven Training besteht darin, dass diese Regeln den emotionalen Zustand des Vierbeiners berücksichtigen. Positives Hundetraining heißt also keineswegs, auf Regeln zu verzichten – ganz im Gegenteil!
Training wird oft mit Zwang verbunden. Das liegt vermutlich an unserem eigenen Lernverständnis, geprägt durch Schule oder Elternhaus. Doch es gibt Erziehungsmodelle, die klar strukturieren und dennoch ohne Druck auskommen. Genau darauf basiert positives Hundetraining: Lernen unter Berücksichtigung der Emotionen des Individuums.
Es gibt klare Grenzen und Verbote, aber die Art, wie sie vermittelt werden, unterscheidet sich deutlich von autoritären Methoden.

FUNKTIONIERT POSITIVES HUNDETRAINING NUR MIT FUTTER?
Leckerlis sind für Hunde eine natürliche Motivation. Alle Hunde müssen fressen, um zu überleben, daher hat Futter für die Vierbeiner von Natur aus einen hohen Stellenwert. Als positive Verstärkung lässt es sich daher wirkungsvoll im Training einsetzen – denn ohne Motivation kein Lernen.
Wichtig ist jedoch, diesen Verstärker nicht andauernd und wahllos zu verwenden, sondern gezielt zu überlegen, in welchen Situationen er angemessen ist. Sein Wert hängt schließlich davon ab, wie verfügbar er ist.
In diesem Buch erfährst du, dass Verstärker wie Leckerlis, Spielzeug oder andere Belohnungen den Lernprozess erheblich unterstützen – vorausgesetzt jedoch, dass sie durchdacht und gezielt eingesetzt werden.

FUNKTIONIERT POSITIVES HUNDETRAINING WIRKLICH BEI ALLEN HUNDEN?
Ja. Positives Training bzw. positive Erziehung funktioniert bei allen lernfähigen Lebewesen, bei Hunden ebenso wie bei Menschen. Entscheidend ist jedoch, die Methode an das jeweilige Individuum anzupassen. Nicht jeder Hund lernt gleich – und genau darin liegt der Schlüssel zum Erfolg.

- unangenehme, aktivierende Emotionen (Beispiel: Zorn);
- unangenehme, dämpfende Emotionen (Beispiel: Niedergeschlagenheit).

Hunde erleben nicht dauerhaft dieselbe Gefühlslage. Sie müssen deshalb zwischen verschiedenen Emotionen wechseln und nach intensiven Momenten wieder in einen stabilen Gemütszustand zurückfinden. Nur so können sie sich flexibel an unterschiedliche Situationen anpassen. Das gilt vor allem für sehr starke Emotionen, selbst wenn diese angenehm sind.

Dein Vierbeiner sollte also in der Lage sein, sich nach hoher Erregung – etwa während einer Spieleinheit – wieder zu beruhigen. Ebenso wichtig ist es, aus negativen Gefühlen, wie beispielsweise Frustration, wieder herauszufinden, ohne sich von ihnen blockieren zu lassen.

Um zu verstehen, welche Rolle Emotionen beim Erlernen neuer Verhaltensweisen spielen, lohnt sich zunächst ein Blick darauf, wie Hunde bewusstes und unbewusstes Verhalten erwerben.

Konditionierung

Als Konditionierung bezeichnet man die Verknüpfung zweier Elemente durch einen Lernprozess. Dabei unterscheiden wir zwei Arten der Konditionierung:

- Bei der klassischen Konditionierung verknüpft das konditionierte Individuum unbewusst (unwillkürlich) zwei Elemente miteinander.
- Bei der operanten Konditionierung entsteht die Verknüpfung zwischen zwei Elementen willentlich.

Ein konkretes Beispiel: Wenn du deinem Hund das Signal »Sitz« gibst und er es befolgt, verknüpft er das Wort »Sitz« mit dieser Sitzposition – er führt die Bewegung bewusst, also willkürlich, aus. Es handelt sich hier um eine operante Konditionierung. Zusätzlich verspürt er Freude dabei, weil er weiß, dass er gleich eine Belohnung dafür bekommt. Diese Freude ist eine unwillkürliche Reaktion, weil er sich ja nicht bewusst dafür entscheidet. Dies ist die klassische Konditionierung.

Man kann also die klassische und die operante Konditionierung im Lernprozess nicht voneinander trennen – sie hängen eng zusammen. Das ist einer der zentralen Aspekte des positiven Hundetrainings, den du immer im Hinterkopf behalten solltest.

Bevor du ein Werkzeug wie das Spielen im Training mit deinem Hund einsetzt, solltest du diese Konzepte verinnerlicht haben. Sich darüber bewusst zu sein, was einen Hund eigentlich ausmacht, ist ein grundlegender und spannender Prozess. Er versetzt dich in die Lage, bestimmte Verhaltensweisen deines Vierbeiners zu verstehen und gezielt zu beeinflussen.

WARUM DU mit deinem Hund spielen solltest

Spielen ist ein komplexes Verhalten, das auf instinktive Verhaltensweisen des Hundes zurückgreift, sich aber trotzdem anpassen und weiterentwickeln kann. In diesem Kapitel erfährst du alles über Vorteile und Risiken von Spieleinheiten. Außerdem lernst du, wie sich negative Auswirkungen verhindern lassen.

Mit seinem Hund zu spielen, hat viele Vorteile. Hier sind nur einige davon, doch die Liste ließe sich beliebig fortsetzen:

- Spielen stärkt die Beziehung zu deinem vierbeinigen Liebling.
- Es kann für den Hund eine sehr gute Motivation sein und damit ein wirkungsvolles Trainingsinstrument.
- Dein Hund kann sich auspowern und seine Bedürfnisse werden erfüllt.
- Spielen schwächt das Jagdverhalten ab.
- Im Spiel lernt dein Vierbeiner immer wieder, nach dem Toben in den Zustand der Ruhe zurückzufinden.
- Spielen gibt deinem Hund eine Aufgabe und er lernt, seine Emotionen noch besser zu regulieren.

Es ist jedoch wichtig zu wissen, dass Spielen in allen genannten Punkten auch die genau gegenteilige Wirkung haben kann. Sehen wir uns an, warum das so ist.

Die Beziehung zum Hund stärken

Spielen kann sich positiv auf eure Beziehung auswirken, weil dein Hund dich dadurch mit etwas Positivem und Angenehmem verbindet. Aber Vorsicht: Wenn du die Spieleinheit entnervt abbrichst, weil dein Hund vielleicht zu grob spielt, oder wenn er das Gefühl hat, ständig zu verlieren, kann er das Spiel (und damit dich) auch mit etwas Negativem verknüpfen.

Ist ja auch logisch: Wenn du ein Gesellschaftsspiel mit deinen Freunden spielst und ständig verlierst oder es dauernd Streit gibt, hast du bald auch keine Lust

Spielen mit dem Hund stärkt die Beziehung.

mehr auf das Spiel und vielleicht auch nicht mehr auf deine Freunde.

Das Ganze lässt sich sehr einfach über die Hormone erklären. Wenn du gewinnst, schüttet dein Gehirn das Hormon Dopamin aus, das ein Gefühl der Freude auslöst. Verlierst du dagegen, gibt es kein Dopamin. Das führt zu Frustration, die manchmal auch von Gereiztheit begleitet wird – je nachdem, wie gut du mit Frustration umgehen kannst.

Beim Hund ist das ganz ähnlich. Deshalb ist eine Spieleinheit, an deren Ende das Gefühl der Niederlage steht, für ihn negativ und frustrierend. Aus demselben Grund kann eine ungeeignete Spieleinheit sogar gefährlich werden, weil manche Vierbeiner zu Aggression neigen, wenn sie mit ihrer Frustration nicht gut umgehen können.

Doch wie entsteht im Vierbeiner das Gefühl zu verlieren? Ganz einfach: Wenn es um ein Spielzeug geht, wollen es die meisten Hunde mit dem Maul packen. Erwischen sie es nicht oder nicht schnell genug, haben sie das Gefühl zu verlieren und sind deshalb möglicherweise frustriert.

Du musst also bei jeder Spieleinheit, vor allem am Anfang, dafür sorgen, dass

Überlass deinem Hund immer wieder das Spielzeug – so bleibt er stets motiviert.

dein Hund daran Spaß hat, indem du ihn gewinnen lässt. Sobald das gut klappt, sollte er mit positiver Verstärkung lernen, sein Spielzeug wieder loszulassen (dazu kommen wir später). Netter Nebeneffekt: So festigst du ganz spielerisch auch die Bindung zu ihm.

Abschließend werden wir sehen, dass das Spielen mit einem Spielzeug nicht die einzige Möglichkeit ist. Wir werden uns genau anschauen, was beim Spielen zwischen dir und deinem Hund abläuft, damit du besser verstehst, wie sehr sich eure Beziehung durch diese gemeinsamen Aktivitäten verbessern kann!

VORSICHT

Manchmal hört man im Hundetraining die Aussage, man solle dem Vierbeiner das Spielzeug nie überlassen. Das ist ein sehr schlechter Rat, denn im »besten« Fall interessiert sich dein Hund irgendwann nicht mehr für das Spielzeug. Im schlimmsten Fall frustriert ihn das so sehr, dass er vielleicht schon beim bloßen Anblick eines Spielzeugs Aggressionsverhalten zeigt. Wenn dein Vierbeiner seine Frustration nicht gut regulieren kann, muss er das unbedingt lernen. Bitte im Zweifelsfall einen Profi um Hilfe.

Den Hund motivieren

Um mit einem Hund trainieren zu können, muss er motiviert sein. Motivation ist ein zentrales Element des Lernprozesses: Ohne Motivation keine Aufmerksamkeit und keine Energie – und ohne diese beiden Voraussetzungen findet einfach kein Lernen statt.

Es gibt zahlreiche Möglichkeiten, seinen Vierbeiner zu motivieren – aber nicht alle Hunde springen auf dieselben Dinge an. Wer Erfolg beim Training anstrebt, muss also zunächst herausfinden, was seinen Vierbeiner motiviert, und lernen, diese Motivatoren richtig einzusetzen.

Gehen wir zurück zum letzten Punkt: Wenn das Spielen zu einer negativen Erfahrung oder gar mit Strafen verknüpft wird, motiviert es deinen Hund kein Stück. Dann lässt es sich natürlich auch nicht einsetzen, um erwünschtes Verhalten zu verstärken. Merke dir: Ein Spiel motiviert deinen Vierbeiner nur, wenn es eine positive Erfahrung für ihn ist.

Jagdverhalten verstärken oder abschwächen

Spielen trainiert das Jagdverhalten. Warum wohl rennen so viele Hunde liebend gern einem Ball hinterher, sind ganz versessen auf Quietschspielzeug oder schütteln den Gegenstand kräftig hin und her, wenn sie ihn gepackt haben? All das gehört zum Jagdverhalten. Deshalb kann das Spielen, vor allem das mit Spielzeugen, das Jagdverhalten deines Hundes beträchtlich verstärken. Je nachdem, wie ausgeprägt sein Instinktverhalten ist, kannst du das bei deinem Hund mehr oder weniger gut erkennen. Deshalb solltest du sorgfältig darauf achten, was genau dein Vierbeiner beim Spielen lernt, um keine unerwünschten Verhaltensweisen zu verstärken.

Das Ballwerfen zum Beispiel kann ihn dazu bringen, verstärkt kleinere Tiere wie Katzen oder Kaninchen zu jagen. Er wird nicht verstehen, warum er dafür bestraft wird, wenn euer gemeinsames Lieblingsspiel genau darin besteht, einer »fliehenden Beute« nachzuhetzen. Gerade bei diesem Spiel müssen daher bestimmte Regeln eingehalten werden (siehe S. 55).

Man sollte aber auch nicht ins andere Extrem verfallen und alle Spielzeuge verbieten. Stattdessen geht es darum, ein gutes Gleichgewicht zu finden.

Es ist durchaus möglich, im Spiel mit Spielzeugen daran zu arbeiten, instinktive Verhaltensweisen einzuschränken. Tatsächlich schlage ich das manchmal sogar vor, wenn ein Vierbeiner so ein Verhalten entwickelt. Das hängt allerdings immer von der aktuellen Situation ab.

Wenn dein Hund bisher kein störendes Jagdverhalten gezeigt hat, solltest du es auch nicht durch entsprechende Spielvarianten anregen, sondern sie einfach

Ballspielen ist eine gute Idee – unter bestimmten Bedingungen.

weglassen. Ein nicht vorhandenes Jagdfieber wollen wir nämlich gar nicht erst wecken!

Wenn dein Hund dagegen schon Jagdverhalten zeigt, kannst du ihm spielerisch beibringen, dieses zu ändern. Ist die Jagdlust also schon erwacht, solltest du ihm beibringen, die Intensität seines Verhaltens zu regulieren oder es sogar auf deine Anweisung aus- und einzuschalten.

Dabei kommt es natürlich auch auf das angeborene Verhalten deines Vierbeiners an. Manche Hunde rennen ihr Leben lang hinter Bällen her, ohne dass dieses Spiel jemals ihr Jagdverhalten verstärkt.

Auch ob und in welchem Maß dein Hund mit anderen Tieren sozialisiert wurde, wirkt sich auf sein Jagdverhalten aus. Im besten Fall ist er also bereits an die unterschiedlichsten Tiere gewöhnt und betrachtet sie nicht als potenzielle Beute.

Im zweiten Teil des Buchs erfährst du, wie du Spielzeuge dazu nutzen kannst, all diese Konzepte umzusetzen.

Zurückfinden zur Ruhe

Spielen ist von Natur aus aufregend für deinen Vierbeiner. Dabei ruft eine Spieleinheit, wenn sie gut strukturiert ist, natürlich positive Emotionen in ihm wach, erhöht aber gleichzeitig auch sein Aktivitätslevel.

Wenn dein Hund ohnehin sehr viel Energie hat, kann es verlockend sein, so lange zu spielen, bis er sich völlig verausgabt hat. Das funktioniert vielleicht ganz gut, ist aber nur eine vorübergehende Lösung. Denn nach und nach wird dein Liebling gerade durch diese Methode mehr Ausdauer entwickeln und die gewünschte Wirkung wird immer schwächer. Aufgrund der Spieleinheiten kann dein Hund zwar ruhiger werden, aber das geschieht über die Emotionsregulierung und nicht über körperliche Erschöpfung.

Wir dürfen nicht vergessen, dass auch Welpen von ihrer Mutter im Spiel lernen, mit Erregungszuständen umzugehen. Ab einem Alter von vier Wochen beginnen

Schon in den ersten Lebenswochen lernen Welpen, sich nach dem Spielen wieder zu beruhigen.

Welpen, miteinander zu spielen und zu raufen. Wenn sie sich dabei gegenseitig hochschaukeln, tun sie sich auch mal gegenseitig weh oder beißen zu stark zu. Jault der Spielpartner dann vor Schmerz auf, greift die Mutter ein und unterbricht das Spiel. So entwickeln die Kleinen allmählich die Fähigkeit, sich von selbst wieder zu beruhigen. Auf diese Weise entsteht im Lauf der Zeit die Beißhemmung.

Wenn die Welpen mit fünf Wochen dann zu Fangspielen übergehen, greift die Mutter auch hier ab und zu ein und unterbricht sie, wenn es nötig ist, damit sie sich wieder beruhigen können. So lernen sie, ihre Motorik willentlich zu kontrollieren.

Du siehst also, wie wichtig das Spielen ab den ersten Lebenswochen für das emotionale Gleichgewicht deines vierbeinigen Lieblings ist.

VORSICHT

Während ein geeignetes Training deinem Hund helfen kann, zur Ruhe zurückzufinden, kann das falsche Training genau das Gegenteil bewirken. In Teil 2 werden wir die Techniken behandeln, mit denen die Übungen korrekt durchgeführt werden, um diese Fähigkeit zu entwickeln.

Vor dem Spielen solltest du zum Aufwärmen fünf Minuten mit deinem Hund laufen.

Den Hund gefahrlos auspowern

Natürlich ist es nicht verboten, mit dem Hund zu spielen, um ihn körperlich voll auszulasten. Aber du musst dir deines Ziels stets bewusst sein und die Spieleinheiten korrekt planen und durchführen. Zwei zentrale Begriffe im Hundetraining sind Feinfühligkeit und Ausgewogenheit. Körperliche Auslastung muss sein, damit dein Hund sich wohlfühlt, aber es gilt dabei unbedingt, bestimmte Punkte zu beachten, damit sich ein Liebling beim Spielen nicht verletzt:

- **Aufwärmen:** Gerade wenn ein Hund sehr gern spielt, sind seine Bewegungen oft sehr dynamisch. Deshalb sollte anfangs immer eine kleine Aufwärmeinheit eingeplant sein. Es kann schon ausreichen, den Hund fünf Minuten an der Leine gehen zu lassen, damit seine Muskeln sich erwärmen. Je nach Hund und Art des Spiels kann aber auch mehr nötig sein. Besonders das Frisbeespielen kann gefährlich werden, wenn dein Vierbeiner nicht richtig aufgewärmt ist – oder wenn du nicht richtig wirfst. Das hat allerdings eher mit dem Sport an sich zu tun als mit dem Spiel; wenn du dich also dafür interessierst, solltest du es am besten unter professioneller Anleitung erlernen.
- **Die Intensität allmählich steigern:** Es ist wichtig, nicht gleich mit sehr energiereichen Spielen anzufangen, sondern die Intensität nach und nach zu steigern. So lassen sich Verletzungen vermeiden.
- **Auf den Untergrund achten:** Besonders rutschige Böden wie Fliesen können für den Hund gefährlich sein und sind daher zum Spielen nicht geeignet.
- **Vorsicht beim Springen:** Achte beim Werfen von Spielzeugen besonders darauf, dass dein Hund nicht auf den Hinterbeinen landet. Sprünge, die dazu führen, solltest du möglichst verhindern.

Zusammenfassend lässt sich also sagen: Deinen Hund beim Spielen auszupowern, ist eine sehr gute Möglichkeit, auf seine körperlichen Bedürfnisse einzugehen. Wenn du dabei einige Regeln befolgst, damit er sich nicht verletzt, ist alles gut.

Wichtig sind übrigens ganz unterschiedliche Aktivitäten, um alle Bedürfnisse deines Vierbeiners zu stillen – also auch die nach Kauen, Schnüffeln, sozialer Interaktion, geistiger Stimulation usw.

Arbeitsbedürfnis und Emotionsregulierung

Wir haben Hunde domestiziert, damit sie uns bei bestimmten Aufgaben helfen. Das bedeutet, sie wurden auf Nützlichkeit für den Menschen gezüchtet. Deshalb ist der Hund heute die Art mit der größten Rassenvielfalt – über 400 Hunderassen gibt es auf der Welt! Die Fédération Cynologique Internationale (FCI), der größte Dachverband des Hundewesens, teilt die Hunderassen nach ihren Einsatzgebieten in zehn Gruppen ein (siehe Tabelle S. 25).

Der Hund ist die Tierart mit der größten Rassenvielfalt.

Du profitierst von vielen Vorteilen, wenn du die instinktiven Verhaltensweisen kennst, die für die Rasse und die Abstammung deines Hundes typisch sind. Bei bestimmten Rassen und bei einzelnen Tieren ist das Bedürfnis nach einer Aufgabe nämlich besonders ausgeprägt!

Spielen bietet eine gute Möglichkeit, dieses Bedürfnis zu erfüllen. Gibst du deinem »arbeitswütigen« Hund nämlich keine Aufgabe, sucht er sich vielleicht selbst eine – und zwar höchstwahrscheinlich eine, mit der du nicht einverstanden bist. Ein Hütehund beispielsweise, der noch dazu aus einer Gebrauchshundelinie abstammt, wird immer den Drang verspüren, seine Herde zusammenzutreiben. Wenn dieser Instinkt stark ausgeprägt ist, kann sich das Verhalten Bahn brechen, indem der Vierbeiner unkontrolliert hinter Radfahrern oder Joggern herläuft.

Es ist daher sinnvoll, deinem Hund eine Möglichkeit zu geben, sein Arbeitsbedürfnis im Spiel zu befriedigen, weil es dann kontrolliert und auf deine Initiative hin geschieht. Das ist umso wichtiger, wenn dein Hund von sich aus schon entsprechende Verhaltensweisen zeigt, die sich deiner Kontrolle entziehen.

Zum Schluss noch einmal ausdrücklich der Hinweis: Mit einer ungeeigneten Spieleinheit kannst du bei deinem Hund instinktive Verhaltensweisen stärken, die dich später stören werden. Das gilt vor allem für Ballspiele. Wenn du einen Ball wirfst, trainierst du deinen Hund darauf, einem beweglichen Objekt hinterherzulaufen. Wenn du diese Aktivität nicht in einem kontrollierten Rahmen durchführst (wie du es in Teil 2 dieses Buches lernen wirst), könnte dein Vierbeiner sich dadurch angewöhnen, auch lebenden »Objekten« nachzustellen ...

Jetzt weißt du, dass es wirklich wichtig ist, dir bewusst zu machen, wie du mit deinem Hund spielst – schon allein deshalb, damit du die Spieleinheiten gegebenenfalls immer wieder anpassen kannst. Jeder Hund ist anders, deshalb eignen sich nicht alle Spiele für jeden Vierbeiner.

Kein Spiel an sich ist gut oder schlecht. Es kommt immer darauf an, warum und wie du es spielst!

FCI-EINTEILUNG DER HUNDERASSEN

Die im Folgenden genannten Rassegruppen entsprechen einer Einteilung nach den morphologischen Eigenschaften, den natürlichen Eignungen und den traditionellen Funktionen bestimmter Hunderassen.

Gruppe	RASSEN	TRADITIONELLE FUNKTION
Gruppe 1	Hütehunde und Treibhunde Deutscher Schäferhund, Border Collie, Malinois, Beauceron …	Hüten und treiben von Herden
Gruppe 2	Pinscher, Schnauzer, Molosser und Schweizer Sennenhunde Zwergpinscher, Zwergschnauzer, Dobermann, Russischer Schwarzer Terrier …	Verteidigen und beschützen (Kampfhunde, Wachhunde, Rettungshunde)
Gruppe 3	Terrier Bullterrier, Jack Russell, Irish Terrier, American Staffordshire Terrier …	Aufstöbern und verfolgen von Wild
Gruppe 4	Dachshunde Kurzhaar-, Langhaar- und Rauhaardackel	Früher zur Jagd eingesetzt
Gruppe 5	Spitze und Hunde vom Urtyp Amerikanischer Akita, Akita Inu, Chow-Chow, Eurasier, Deutscher Spitz, Husky …	Hüte-, Jagd- und Schlittenhunde (zusammengefasst wegen der Beständigkeit ihrer morphologischen und verhaltensbezogenen Merkmale im Lauf der Zeit)
Gruppe 6	Lauf- und Schweißhunde Basset, Beagle, English Foxhound, Bloodhound …	Früher bei Treibjagden eingesetzt (spürten das Wild auf und verfolgten es in der Meute unter lautem Gebell)
Gruppe 7	Vorstehhunde Bracke, Spaniel, Pointer, Pudelpointer, Setter …	Aufspüren von Wild mit der Nase (mit instinktivem Verharren auf der Stelle, sobald sie eine Spur entdeckt haben)
Gruppe 8	Apportierhunde, Stöberhunde, Wasserhunde Barbet, Cockerspaniel, Golden Retriever, Labrador …	Früher zum Aufscheuchen und Apportieren von Wild eingesetzt (besonders geschickt darin, Jagdbeute aus schwer zugänglichem Gelände zu holen)
Gruppe 9	Gesellschafts- und Begleithunde Bichon, Französische Bulldogge, Pudel, Cavalier King Charles …	Gesellschaft für den Menschen
Gruppe 10	Windhunde Barsoi, Greyhound, Afghanischer Windhund, Irischer Wolfshund, Whippet …	Ursprünglich bei der Jagd zum Hetzen des flüchtenden Wilds eingesetzt

BEGRIFFE, die du kennen solltest

Bevor wir zum praktischen Teil kommen, klären wir am besten einige zentrale Begriffe, die du für die Planung deiner Spieleinheiten kennen solltest. Einerseits ist es wichtig zu verstehen, was in deinem Hund beim Lernen abläuft, andererseits musst du natürlich auch auf deine und seine Sicherheit achten.

Spielen als Trainingsinstrument

Für ein erfolgreiches Training mit deinem Hund braucht es eine gute Balance zwischen Motivation und Lernen. Außerdem ist es wichtig zu verstehen, wie dein Vierbeiner tickt und welche Mechanismen beim Lernen in ihm ablaufen.

WAS MOTIVIERT DEINEN HUND?

Als Erstes gilt es herausfinden, welche Art von Motivation bei deinem Hund funktioniert. Es können ganz verschiedene Dinge sein, die ihn je nach Situation unterschiedlich stark antreiben. Sobald dein Hund das bekommt, was er will, wird das Verhalten, das ihm den Erfolg brachte, bestätigt und er wird es häufiger zeigen. Mach dir bewusst, dass du deinem Hund bei jeder Interaktion etwas beibringst.

Es kann für deinen Hund also viele positive Verstärker geben: ein Leckerbissen, Gassigehen, nach Hause kommen, auf das Sofa springen, Aufmerksamkeit erhalten, mit einem Spielzeug spielen usw.

INTRINSISCHE UND EXTRINSISCHE VERSTÄRKER

Ein Verstärker ist die Folge eines Verhaltens und kann von außen kommen oder sich von selbst verstärken. Einen Verstärker von außen nennt man extrinsisch, die Verstärkung durch das Verhalten selbst wird als intrinsisch bezeichnet.

Wenn dein Hund zum Beispiel ein Spielzeug möchte und du es ihm gibst, ist das Spielzeug ein extrinsischer Verstärker. Wenn er ein Kaninchen jagt, ist schon das Verfolgen der Beute an sich, selbst wenn er sie nicht bekommt, ein

Spielen fördert den Erfolg beim Hundetraining.

intrinsischer Verstärker. In diesem Beispiel ist es besonders wichtig, ihn beim Gassigehen an die lange Leine zu nehmen, bis du dir einen Plan zurechtgelegt hast, wie du dieses Verhalten umleiten kannst. So verhinderst du, dass sich dein Hund durch sein Jagdverhalten immer wieder selbst bestätigt.

Diese Differenzierung ist von zentraler Bedeutung, weil du mit diesem Wissen das Verhalten deines Hundes noch besser beeinflussen kannst.

Spielen als Ass im Ärmel

Damit sich die Spieleinheiten in die positiven extrinisischen Verstärker einreihen können, müssen sie deinem Hund Spaß machen. Deshalb ist es wichtig und für dich von Vorteil, wenn du lernst, so mit ihm zu spielen, dass die Einheiten bestens auf ihn angepasst sind und einen hohen Wert haben. Sobald du diese Optionen kennst, steht dir für den Rest seines Hundelebens ein wertvolles Erziehungsinstrument zur Verfügung.

Mein Tipp: Beschränke dich bei der Erziehung deines Vierbeiners nicht nur auf Spielzeug, sondern setze auch andere Hilfsmittel wie Leckerlis ein. Betrachte deine Spieleinheiten als ein weiteres Ass im Ärmel, das dir mehr Flexibilität und Anpassungsfähigkeit verschafft.

Der Kong ist ein wunderbares Beschäftigungsspielzeug.

Durch Training die Bedürfnisse des Vierbeiners erfüllen

Um deinen Hund in Lernbereitschaft zu versetzen, müssen seine Bedürfnisse erfüllt sein. Wenn er zu viel Energie hat, wird er sich schwer konzentrieren und lernen können – eure Spieleinheiten mutieren dann schnell zum Albtraum. Sehen wir uns also zunächst einmal an, welche Bedürfnisse dein Hund überhaupt hat.

- **Körperliche Bedürfnisse:** Für deinen Vierbeiner ist es wichtig, draußen zu sein, zu rennen und Gassi zu gehen. Manchen Hunden reicht ein halbstündiger Spaziergang pro Tag, andere brauchen deutlich mehr Bewegung. Auch wenn du einen Garten hast, musst du mit deinem Vierbeiner mehrmals am Tag Gassi gehen.
- **Geistige Bedürfnisse:** Lernen und sich konzentrieren gehören ebenfalls zu den Bedürfnissen deines Hundes – auch dabei strengt er sich an. Nach einer Trainingseinheit wird er immer müde sein, auch wenn sie ihn körperlich gar nicht so gefordert hat. Denk daran, wie du dich nach einem Schultag gefühlt hast!
- **Olfaktorische Bedürfnisse:** Der Geruchssinn ist bei deinem Vierbeiner von allen Sinnen am stärksten entwickelt. Deshalb ist es wichtig, dass er ihn so oft wie möglich einsetzen kann. Lass ihn beim Gassigehen ausgiebig überall schnuppern,

auch wenn du dafür mal zehn Minuten stehen bleiben musst. Wusstest du, dass sich beim Schnuppern der Herzschlag deines Hundes verlangsamt? Diese beruhigende Wirkung des Schnüffelns kannst du in bestimmten Situationen gezielt nutzen, zum Beispiel indem du Leckerlis ins Gras wirfst, damit dein Hund sie sucht und dabei seine Nase einsetzt. Du kannst ihm auch sein Futter auf einer Leckmatte geben oder im Garten direkt auf dem Boden ausstreuen. So wird aus der Mahlzeit eine Beschäftigungseinheit, bei der er sich anstrengen muss. Aber Vorsicht bei hohen Temperaturen: Beim Schnuppern kann dein Vierbeiner seine Körpertemperatur nicht regulieren. Deshalb solltest du auf Schnüffeleinheiten verzichten, wenn es sehr heiß ist.

- **Kaubedürfnis:** Beißen, Kauen und das Zerlegen von Objekten gehört zum Wesen eines Hundes dazu – bei einigen ist dieses Bedürfnis sehr ausgeprägt. Welpen brauchen zudem regelmäßig etwas zum Kauen, bis mit etwa fünf bis sechs Monaten der Zahnwechsel abgeschlossen ist. Funfact: 30 Minuten Kauen können für deinen Hund so entspannend sein wie eine Stunde Gassigehen (siehe S. 94). Biete ihm daher täglich hochwertige Kausnacks und Spielzeuge an, auf denen er gefahrlos herumkauen kann.
- **Soziale Bedürfnisse:** Auch der Kontakt mit Artgenossen ist ein Grundbedürfnis des Hundes. Dabei gilt die Regel: Qualität geht vor Quantität. Es ist besser, wenn dein Vierbeiner pro Monat nur einen neuen Artgenossen kennenlernt, zu dem er einen guten Kontakt pflegt, und nicht ständig mit mehreren neuen Hunden zusammenkommt – womöglicherweise seine Toleranzschwelle überschritten wird.
- **Sicherheits- und Lebensbedürfnisse:** Trinken, Fressen, Schlafen und Gruppenzugehörigkeit sind ebenfalls grundlegende Bedürfnisse und wichtig für das Wohlbefinden.

Da sich die Bedürfnisse eines Hundes im Lauf seines Lebens immer wieder ändern, gilt es, sie zu berücksichtigen und das Training entsprechend anzupassen.

DREI REGELN FÜR BEGEGNUNGEN MIT ANDEREN HUNDEN

1. Miteinander spielende Hunde sollten regelmäßig Pausen machen.
2. Wenn sie raufen oder Fangen spielen, sollten sie die Rollen immer wieder tauschen. Falls du das nicht beobachtest, so fühlt sich ein Hund wahrscheinlich bedrängt – was natürlich keine positive Erfahrung für ihn ist.
3. Die allgemeine Energie der Spieleinheit sollte allmählich in Richtung Ruhezustand abfallen. Wenn sich die Hunde beim Spielen immer weiter gegenseitig aufschaukeln, ist diese Konstellation einfach nicht das Richtige für sie.
4. Kontakte zwischen Hunden sollten nur dann hergestellt und gefördert werden, wenn sie sich gut vertragen.

Die vier Säulen der erfolgreichen Hundeerziehung

Im Lauf der Jahre habe ich einen Ansatz entwickelt, der sich auf vier zentrale Aspekte stützt. Bringst du diese in ein ausgewogenes Verhältnis, bilden sie ein stabiles Fundament für ein erfolgreiches Training mit deinem Hund.

1. **Die Trainingsgrundlagen:** Sie bestehen aus den drei wichtigsten Fähigkeiten eines Hundes, nämlich ...

- dir zu folgen (möglichst mit und ohne Leine) und auf Zuruf zu dir zu kommen;
- auf Zuruf zu warten und die Signale »Ruhe« und »Bleib« zu beachten;
- von etwas abzulassen, also Spielzeug herzugeben, kein Essen vom Tisch zu klauen etc.

Diese drei Kompetenzgruppen bilden sehr schön ab, was wir im Alltag von unserem Hund erwarten.

2. **Die Bedürfnisse des Hundes:** Sie zu erfüllen, wie auf den vorherigen Seiten aufgeführt, ist von zentraler Bedeutung für das Wohlbefinden deines Vierbeiners und für seine erfolgreiche Erziehung.

3. **Die Alltagsregeln:** Zu Hause können spezielle Alltagsregeln gelten, die deine Erwartungen und die Bedürfnisse deines Hundes widerspiegeln. Diese Regeln sollten tiergerecht und stimmig sein: Sind Sofa oder Bett tabu, reglementiert oder erlaubt? Gibt es verbotene Bereiche, wie etwa das Kinderzimmer? Soll dein Hund sich selbst beschäftigen, wenn du ihm zu bestimmten Zeiten keine Aufmerksamkeit schenkst? Soll er ruhig bleiben, ohne Frustration aufzubauen, wenn die Menschen am Tisch sitzen? Solche Regeln sorgen für einen angemessenen und hundegerechten Umgang mit den wichtigsten Ressourcen Raum, Sozialkontakte und Nahrung.

4. **Die Einstellung des Menschen:** Konsequenz sollte das oberste Gebot sein. Aber Vorsicht, das bedeutet auch emotionale Konsequenz, also Stimmigkeit zwischen dem, was du von deinem Hund erwartest, und dem, was du selbst empfindest. Wenn du zum Beispiel von deinem Vierbeiner verlangst, sich zu beruhigen, während du selbst sehr emotional agierst, ist das nicht gerade konsequent und kann zu Reibungen in der Erziehung führen. Sprecht euch auch unbedingt innerhalb eurer Familie ab. Denn alle Mitglieder eines Haushalts sollten dem Hund gegenüber ein konsequentes Verhalten an den Tag legen. Nur so versteht er, was ihr von ihm erwartet.

Wenn du diese vier Grundsäulen beachtest, gehst du ganzheitlich an das Training heran und vergrößerst die Chancen, dass es zu den erwünschten Erfolgen bei deinem Hund führt.

Hundetraining bedeutet, ein gutes Gleichgewicht in der Beziehung zwischen Mensch und Hund zu finden.

Sicherheit geht vor!

Wie wir schon gesehen haben, kann Spielen auch gefährlich werden. Deshalb solltest du vor jeder Einheit einige Sicherheitsregeln beherzigen. Falls du unsicher bist, trau dich ruhig und wende dich an eine Hundetrainerin oder einen Hundetrainer. Sie oder er kann eure ersten Spieleinheiten betreuen und dabei auf deine individuelle Situation eingehen.

IST DEIN HUND FIT?

Bevor es losgeht, solltest du dir sicher sein, dass dein Hund fit genug zum Spielen und Laufen ist. Erkundige dich notfalls bei deinem Tierarzt. Mein Tipp: Einmal im Jahr solltest du deinen Vierbeiner zusätzlich in einer Praxis für Hundeosteopathie durchchecken lassen.

- **Sorge immer dafür, das dein Hund aufgewärmt ist.** Gehe also vor allen Spieleinheiten, in denen sich dein Vierbeiner körperlich anstrengen muss, gut fünf Minuten mit ihm spazieren.
- **Achte auf die Bodenbeschaffenheit.** Auf rutschigem Untergrund kann sich dein Hund beim Spielen schnell verletzen.
- **Verhindere das Aufkommen auf den Hinterbeinen.** Wirf nie ein Spielzeug so, dass dein Hund beim Fangen auf den Hinterbeinen landet.
- **Vermeide Übergewicht.** Immer mehr Hunde sind davon betroffen und oft leidet ihre Gesundheit darunter. Ein jährlicher Besuch in der Tierarztpraxis ist daher wichtig, um das Gewicht deines Vierbeiners im Auge zu behalten. Einen ersten Anhaltspunkt geben die Rippen: Sie sollten bei einem normalgewichtigen Hund nicht zu sehen, aber gut zu ertasten sein.

ACHTE BEIM SPIELEN AUF DEINE EIGENE SICHERHEIT

Das Spielen soll Hund *und* Mensch Spaß machen. Manchmal dreht der Vierbeiner dabei aber so auf, dass die gemeinsame Aktivität in puren Stress umschlägt. Um das zu vermeiden, solltest du einige Tricks kennen, um ihn bei Bedarf zu beruhigen und für euer beider Sicherheit und Wohlergehen zu sorgen.

Leckerli werfen – das Spiel beenden

Wenn dein Hund noch nicht viel Erfahrung im Spielen mit dir hat und sich noch nicht auf deine Aufforderung hin beruhigen kann, ist diese Technik sehr nützlich. Du kannst sie auch einsetzen, wenn dein Vierbeiner schnell frustriert ist.

> Falls sich dein Hund in eine zu große Erregung hineinsteigert ① (Beißen, Bellen, Springen usw.), halte ihm ein Leckerli zum Schnuppern hin ② und wirf es auf den Boden ③. Jetzt muss er seine Nase einsetzen, um das Häppchen zu suchen ④.

Durch das Schnüffeln sinkt sein Herzschlag und dein Hund beruhigt sich wieder. So sorgst du ganz automatisch für eine kleine Spielpause.

LECKERLI WERFEN

Wenn du die Leckerlis allerdings immer erst in dem Moment wirfst, in dem dein Hund an dir hochspringt, verstärkst du dieses unerwünschte Verhalten unabsichtlich. Deshalb ist dieser Trick eine reine Notlösung. Er sollte nur vorübergehend eingesetzt werden, bis dein Vierbeiner gelernt hat, wie er sich verhalten soll, und bis du sein Verhalten besser vorhersehen und entsprechend gegensteuern kannst.

Spielzeug in der Schnauze lassen

Es kann vorkommen, dass dein Hund dich beim Spielen zu beißen versucht. Lass ihn in diesem Fall das Spielzeug in der Schnauze behalten – nicht, damit er damit spielt, sondern um seine überschüssige Energie abzuleiten.

Diese Technik setzen wir häufig bei Retrievern (Apportierhunden) ein, die gern einen Gegenstand im Maul tragen, oder auch bei sehr energiegeladenen Rassen wie dem Malinois oder dem Hollandse Herdeshond.

Auch das ist nur eine vorübergehende Notlösung. Sie kann dir aber enorm helfen, bis du eine bessere Kontrolle entwickelt hast.

DEINE EMOTIONEN

Deine Emotionen wirken sich auf das Verhalten deines Hundes aus. Bevor du ihn kontrollieren kannst, musst du dich selbst kontrollieren können.
Diese Arbeit an dir selbst kann langwierig sein und Hilfe von außen erfordern (etwa einen Hundetrainer, der auch dich coacht, oder eine Entspannungstherapeutin), aber sie ist von entscheidender Bedeutung. Ob du deinem Hund beibringen willst, sich zu beruhigen, oder ihn im Gegenteil in die richtige Spiellaune zu versetzen versuchst: Du musst selbst die Emotion spüren können, die du bei ihm hervorrufen möchtest. Ebenso musst du in der Lage sein, in deinen Gefühlszuständen das richtige Maß zu finden, um eure Spieleinheiten lenken zu können, ohne dich von den Emotionen deines Hundes anstecken zu lassen. Diese Fähigkeiten sind von zentraler Bedeutung für eine erfolgreiche Spieleinheit.

SPIELZEUG RICHTIG HALTEN

Bei einigen Spielen soll der Hund das Spielzeug ins Maul nehmen. Hierbei ist es wichtig, dass du deine Hände und vor allem deine Finger richtig hältst, damit er dich beim Schnappen nach dem Gegenstand nicht unbeabsichtigt beißt.

Falls du Spielzeuge mit Handschlaufe verwendest, solltest du die Hand nicht durch die Schlaufe stecken – vor allem wenn dein Hund mittelgroß bis groß ist. Du könntest dich sonst schwer verletzen, wenn er plötzlich ruckartig stark daran zerrt. Halte das Spielzeug besser in der Hand, damit du es notfalls einfach loslassen kannst.

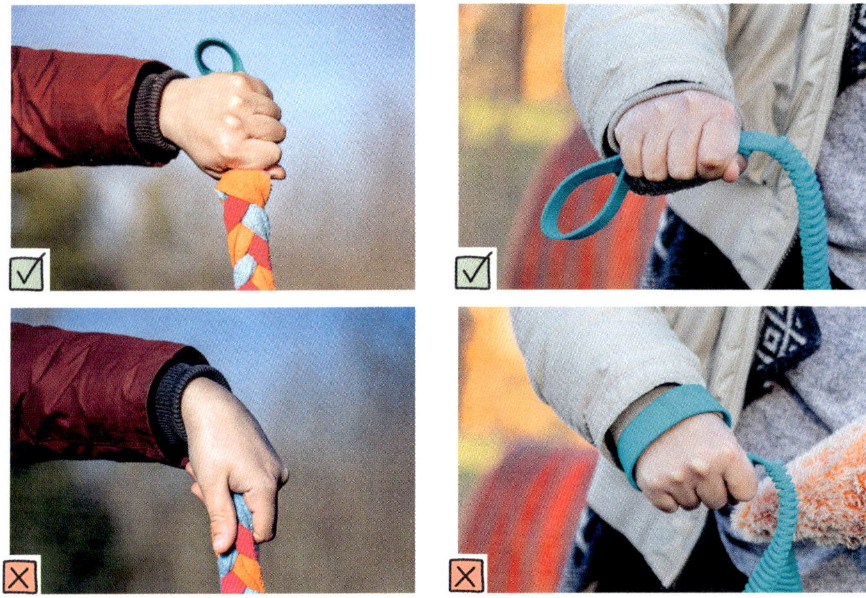

Deine Sicherheit ist wichtig: Achte von Anfang an auf die richtige Handhabung von Spielzeugen.

PASSENDE KLEIDUNG UND SCHUHE WÄHLEN

Beim Spielen mit deinem Hund solltest du Kleidung und Schuhe tragen, in denen du dich gut bewegen kannst und festen Halt hast. Das mag unbedeutend klingen, aber beim Spielen zählen auch deine Bequemlichkeit und dein Wohlbefinden!

Wichtig sind außerdem Taschen an der Kleidung, in denen sich Leckerlis aufbewahren lassen. Wir werden später noch sehen, wie nützlich sie sind!

Wer ist dein Hund?

Durch die intensive Beschäftigung mit deinem Hund wirst du herausfinden, wer er ist. In den Spieleinheiten in Teil 2 erlebst du ihn in seiner ganzen Individualität und Einzigartigkeit. Deshalb solltest du auch kein bestimmtes Verhalten von ihm erwarten. Lass ihn das Tempo bestimmen und achte auf die Informationen, die er dir vermittelt, wenn er mit dir spielt und ihr zusammen Spaß habt.

Und jetzt wird gespielt!

TEIL 2

Mit deinem Hund richtig spielen – so geht's

SPIELEN mit Spielzeug

Dieses Kapitel ist vor allem interessant, wenn dein Vierbeiner gern rennt oder an Spielzeugen zerrt. Sollte sich seine Begeisterung dafür in Grenzen halten, ist es dennoch möglich, ihm diese Art des Spiels schmackhaft zu machen.

Vorsichtsmaßnahmen

Vergewissere dich vor dem Spielen, dass dein Liebling keine Schmerzen hat und nicht übergewichtig ist. Ein mindestens jährlicher Check-up bei der Tierärztin und/oder dem Osteopathen ist wichtig, damit dein Vierbeiner gesund bleibt.

Lass deinen Hund vor der Spieleinheit fünf Minuten laufen. Das Aufwärmen verhindert Verletzungen an den kalten Muskeln. Dasselbe gilt, wenn dein Vierbeiner an einem Spieltau zerren soll: Gib dem Zug zunächst gleich nach und steigere die Gegenkraft erst nach und nach, damit die Muskeln an Schnauze und Schultern sich allmählich erwärmen können.

Wenn dein Hund sich schnell in einen Erregungszustand hineinsteigert, verwende anfangs Spielzeug, das er weniger mag. Spielt er dagegen zunächst noch nicht so gern, probier es mit Artikeln wie auf dem Foto unten.

Material

- zwei bis drei völlig identische Spielzeuge
- besonders begehrte Leckerlis

Artikel wie Zerrtau, Leckmatte, Intelligenzspielzeug oder Schnüffelteppich sind besonders beliebt.

DIE SICHERHEITSREGELN

SPIELZEUG RICHTIG HALTEN

- Wenn du das Spielzeug hältst, leg den Daumen in die Handfläche. Ist dein Daumen am Spielzeug, könnte dein Hund ihn versehentlich mit dem Spielzeug schnappen. Achte darauf, dass er dich nicht unabsichtlich verletzen kann.
- Hat das Spielzeug eine Handschlaufe, so steck deine Hand nicht hindurch. Im Notfall musst du den Gegenstand schnell loslassen können.

DEN HUND NICHT VERLETZEN

- Wenn dein Vierbeiner das Spielzeug mit dem Maul packt und du ihn zerren lässt, bewege es nicht hektisch hin und her. Das kann zu Verletzungen der Halswirbelsäule führen! Zieh das Spielzeug auch nie nach oben oder heb deinen Hund daran hoch, wenn er es fest im Maul hält. Auch dabei kann er sich verletzen. Übe stattdessen immer den Zug parallel zum Boden in deine Richtung aus. So bleibt der Hundekopf in einer Linie mit dem Körper.
- Wenn du das Spielzeug wirfst, dann so, dass dein Hund nicht hochspringen muss, um es zu fangen. Er sollte vor allem nie auf seinen Hinterbeinen landen, denn dabei kann er sich böse verletzen.

DIE NOTBREMSE ZIEHEN

Wenn dein Hund beim Spielen in eine allzu starke Erregung gerät und sein Verhalten für dich unangenehm wird, musst du die Notbremse ziehen. Dazu nimmst du eine Handvoll Leckerlis aus der Tasche, lässt deinen Hund daran schnuppern und wirfst sie gleich anschließend auf den Boden. So lenkst du seine Energie auf das Schnüffeln um, was ihn automatisch beruhigt. Dies verhindert, dass du in einen Konflikt mit ihm gehen musst, um ihn zu stoppen. Auf diese Weise kannst du ganz bequem eine Pause einschieben oder die Spieleinheit abbrechen, um sie beim nächsten Mal anders anzugehen.

Wenn es dir nicht gelingt, deine Spieleinheit abzuändern, bitte eine Hundetrainerin oder einen Hundetrainer um professionellen Rat.

Ziehst du an einem Zerrspielzeug, sollte es parallel zum Boden bleiben.

STUFE 1

Zum Spielen anregen

Hunde mögen beim Spielen nicht alle dasselbe: Manche rennen gern, andere zerren lieber an einem Tau, wieder andere setzen am liebsten ihre Nase ein usw. Ich zeige dir mehrere Möglichkeiten auf, wie du mit deinem Vierbeiner spielen kannst. So fällt es dir leichter, sich auf ihn und seine Vorlieben einzustellen.

Damit dein Hund in Zukunft gern mit dir spielt, braucht er Erfolgserlebnisse: Er muss also immer wieder das Gefühl haben zu gewinnen. Deshalb ist es wichtig, mit mehreren Spielzeugen zu arbeiten.

Achte darauf, die Übungen nicht zu schnell hintereinander durchzuführen. Es soll euch schließlich Spaß machen!

Achtung: Wenn du die Spielzeuge in die Hand nimmst, muss dein Hund schon aufgewärmt sein – und vor allem musst auch du fokussiert auf das Spiel sein!

DIE TECHNIK

Nimm ein Spielzeug in jede Hand und halte ein drittes versteckt in Reserve.

① Bewege Spielzeug 1 hin und her.

② Sobald dein Hund das Spielzeug 1 nimmt, lässt du es los.

③ Zeig ihm dann Spielzeug 2.

④ Sobald er es nimmt, lässt du es los.

⑤ Nimm wieder Spielzeug 1 in die Hand, das dein Hund fallen gelassen hat, um Spielzeug 2 zu nehmen.

Auf diese Weise machst du mit Spielzeug 1 und 2 im Wechsel immer weiter. So lernt dein Hund, ein Spielzeug zu nehmen und es im Austausch gegen ein anderes wieder loszulassen. Falls er es schafft, sich beide gleichzeitig zu schnappen, holst du das Reservespielzeug hervor!

BRINGE ICH MIT DIESEM SPIEL MEINEM HUND NICHT DAS JAGEN BEI?

Vielleicht ja, weil dieses Spiel den Jagdinstinkt weckt (damit haben wir uns im ersten Teil beschäftigt). Trotzdem hat dieses Spiel einen Nutzen: Dein Hund lernt, dich bei diesem Verhalten miteinzubeziehen und seine Impulse zu kontrollieren. Wie du später sehen wirst, besteht das eigentliche Ziel darin, dass dein Vierbeiner das Spielzeug nur auf deine Anweisung hin nimmt. Bei Hunden, die schon Jagdverhalten zeigen, ist das Spiel eine gute Möglichkeit, die Intensität des Verhaltens zu regulieren, indem du es kontrollierst – und genau darum geht es hier. Manche Hunde allerdings haben einen so stark ausgeprägten Jagdinstinkt, dass dieses Spiel nicht ausreicht. Sie können aber normalerweise sehr wohl zwischen einem Spielzeug und »echter« Beute unterscheiden.

ZUM SPIELEN ANREGEN

DIE »KANINCHEN«-TECHNIK

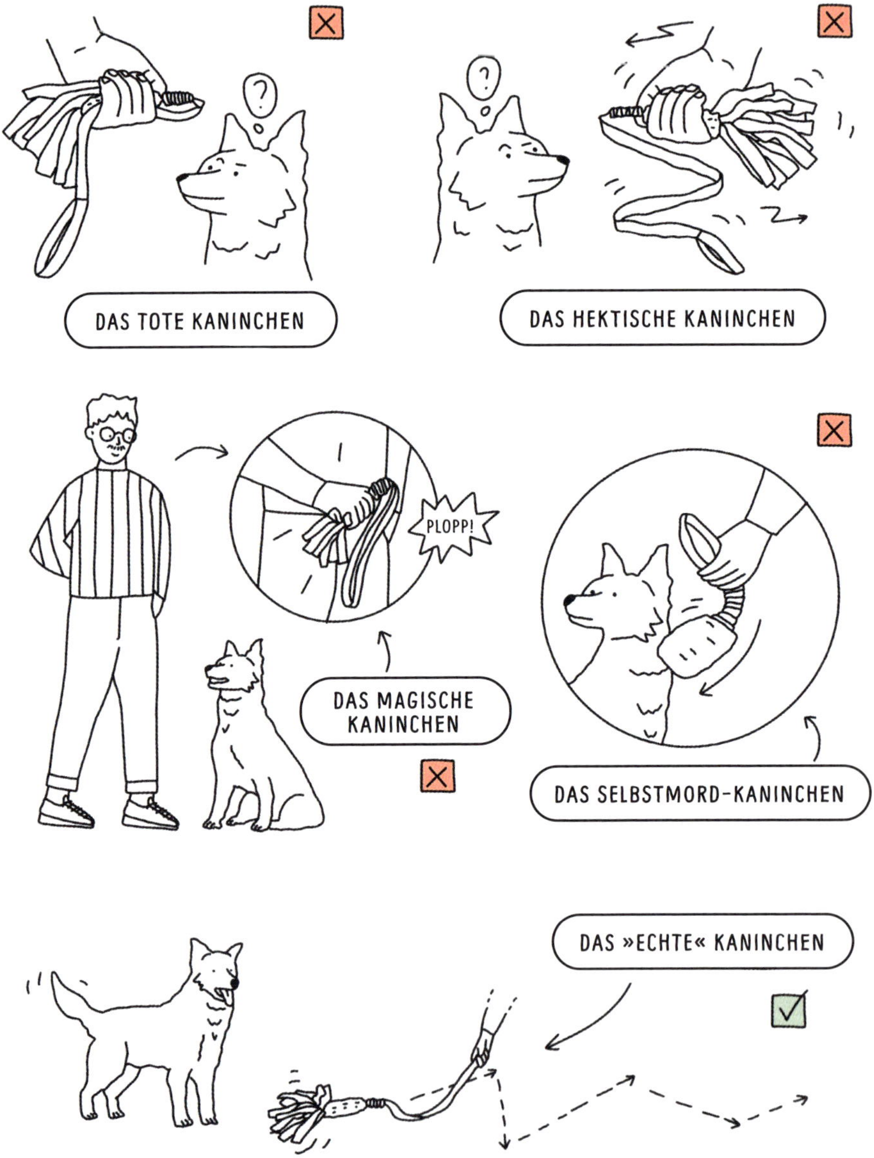

Das Spielzeug muss für deinen Hund attraktiv sein.

DIE »KANINCHEN«-TECHNIK

Wenn das reine Präsentieren des Spielzeugs deinen Hund eher kaltlässt, kannst du es durch Bewegungen spannender für ihn machen.

Für deinen Vierbeiner bedeutet Spielen Jagdtraining. Deshalb muss sich das Spielzeug wie ein Kaninchen »verhalten«, um interessant zu sein. Viele Menschen fuchteln aber mit dem Gegenstand herum, als würde mit dem Kaninchen etwas nicht stimmen – und wundern sich dann, dass ihr Hund nicht darauf anspringt.

- **Das tote Kaninchen** bewegt sich überhaupt nicht. ☒
- **Das hektische Kaninchen** zuckt nervös hin und her wie bei einem Anfall. ☒
- **Das magische Kaninchen** taucht aus dem Nichts vor dem Hund auf. Oft versteckt der Mensch das Spielzeug hinter dem Rücken und hält es dem Hund ganz plötzlich vor die Nase. Ein echtes Kaninchen würde sich nie aus dem Nichts materialisieren! ☒
- **Das Selbstmord-Kaninchen** hüpft von selbst in die Hundeschnauze. Auch das hat für deinen Vierbeiner überhaupt nichts Realistisches! ☒
- **Das »echte« Kaninchen flieht!** Das Spielzeug sollte sich im Zickzack vom Hund wegbewegen und zwischendurch immer wieder anhalten. Denk daran, die Bewegung eines Beutetiers so gut wie möglich nachzuahmen und gleichzeitig die Übung so zu gestalten, dass dein Hund das Spielzeug erwischt. Damit weckst du seinen Jagdtrieb und sorgst für ein Erfolgserlebnis. ☑

Jetzt ist dein vierbeiniger Liebling bereit für diese Spieleinheit.

DIE AUFWERTUNGSMETHODE

Wenn dein Vierbeiner trotz all deiner Bemühungen immer noch kein Interesse am Spielen zeigt, könnte euch eine weitere Technik helfen. Ich nenne sie die Aufwertungsmethode.

Mit dieser Methode lernt der Hund, dass das Spielzeug einen Wert hat, weil du es mit etwas verknüpfst, das für ihn schon wertvoll ist. Deine Geheimwaffe dabei sind Leckerbissen. Futter ist ein primärer Verstärker – dein Hund muss ja nicht erst lernen, Futter zu mögen. Wenn auch das nicht funktioniert, ist dein Liebling entweder krank oder gestresst oder das Leckerli ist nicht appetitlich genug. Vielleicht enthält die Umgebung auch zu viele Reize, die ihn gerade vom Spielen ablenken.

Probier verschiedene Spielzeuge aus, um herauszufinden, was dein Hund mag.

① Hast du ein passendes Leckerli zur Hand, nimmst du das Spielzeug und zeigst es dem Hund. Sobald er es ansieht, gibst du ihm den Happen. Wiederhole das Ganze mehrmals.

② Im nächsten Schritt wartest du, bis der Hund das Spielzeug berührt, bevor er ein Leckerli bekommt. Wiederhole auch diesen Schritt mehrmals, bevor du das Belohnungskriterium verschärfst.

③ Jetzt wartest du mit der Belohnung, bis dein Hund das Spielzeug nimmt, und verlängerst allmählich die Zeit zwischen den beiden Aktionen.

Natürlich brauchst du für jeden Schritt mehrere Einheiten, bis die Verknüpfung klappt. Hab Geduld und geh in kleinen Schritten vor.

Eine andere gute Möglichkeit, deinen Vierbeiner an Spielzeuge heranzuführen, sind Futterspielzeuge. Um an den Snack im Inneren zu gelangen, muss er seine Schnauze einsetzen. Dadurch lernt er, am Spielzeug zu ziehen und verknüpft damit etwas Angenehmes. Auch das entspricht einer Aufwertung, nur mit einem weiteren Hilfsmittel.

Bevor du zur nächsten Stufe weitergehst, muss dein Hund das Spielzeug gern aufnehmen und es problemlos wieder loslassen, um ein zweites Spielzeug zu ergreifen. Wenn ihr so weit seid, könnt ihr mit Stufe 2 weitermachen.

Mit dem passenden Lieblingsspielzeug wird jede Spielrunde zu einem besonderen Erlebnis für dich und deinen Hund.

STUFE 2

Das Spielzeug wieder hergeben

Sobald dein Hund gern spielt, ist es notwendig, ihm ein paar Regeln zu vermitteln. Nur so behältst du die Kontrolle und kannst an seinen emotionalen Fähigkeiten arbeiten. Die erste Regel besteht darin, ihm beizubringen, das Spielzeug auf dein Signal hin abzugeben.

DIE TECHNIK

Lass deinen Hund das Spielzeug packen und einige Sekunden daran zerren. Dann führst du folgende Schritte aus:

① Erteile das Wortsignal, auf das hin er loslassen soll, zum Beispiel »Gib«.

② Halte ihm direkt nach dem Kommando ein Leckerli vor die Nase.

③ Wahrscheinlich lässt er nun das Spielzeug los, um das Häppchen zu nehmen.

Wiederhole die Übung, indem du ihn erneut animierst, am Spielzeug zu zerren.

Es ist sehr wichtig, das Signal zum Loslassen zu geben, **bevor** du ihm das Leckerli zeigst. Wenn du erst die Belohnung präsentierst, versteht er das Leckerli als Signal und nicht dein Wortkommando. Das Gleiche passiert, wenn du beide Handlungen gleichzeitig ausführst, also das Signal gibst und gleichzeitig das Leckerli zeigst.

FALLS ES NICHT KLAPPT

Wenn du mit dieser Übung keinen Erfolg hast, gibt es mehrere Möglichkeiten:

- Biete ein wertvolleres Leckerli an (ein Stück Käse, Miniwürstchen usw.).
- Tausche das Spielzeug gegen ein weniger attraktives aus.
- Verringere durch dein Verhalten die Intensität des Spiels, damit dein Hund sich beruhigen kann.
- Wiederhole die Übungen von Stufe 1, um den Übergang zur nächsten Stufe zu erleichtern.

Ebenso wichtig ist es, das Verhalten deines Hundes zu bestätigen, wenn er das Spielzeug loslässt. Das kannst du tun, indem du es ihm wieder anbietest oder ihn ab und zu mit einem Leckerli belohnst. Vermeide den Fehler, ihm das Spielzeug jedes Mal wegzunehmen, sobald er es auf dein Kommando hin losgelassen hat. Damit beendest du quasi die Spieleinheit. In dem Fall kann es passieren, dass er das Hergeben des Spielzeugs mit etwas Negativem verknüpft. Dann musst du vermutlich wieder von vorn anfangen. Vergiss nie, dass ein Hund sein Leben lang weiterlernt!

Lässt dein Liebling sein Spielzeug auch ohne Leckerligabe auf dein Kommando hin zuverlässig fallen, seid ihr bereit für Stufe 3.

EIN SPIELZEUG WIEDER HERGEBEN

STUFE 3

Spielzeug auf Kommando nehmen

Wenn dein Hund sein Spielzeug auf dein Signal hin zuverlässig wieder hergibt, kannst du ihm als Nächstes beibringen, es auch erst auf Kommando zu nehmen. Es ist aus mehreren Gründen sehr wichtig, dass er das lernt:

- **Für deine Sicherheit:** Du musst ein Spielzeug in der Hand halten können, ohne dass dein Vierbeiner wie wild danach schnappt.
- Das Spielzeug nur auf Kommando zu nehmen, bringt deinen Hund **in einen stabileren emotionalen Zustand**. Er muss sich konzentrieren, um auf dein Wortsignal zu warten und dann zu bekommen, was er will: das Spielzeug.
- Nimmt dein Hund das Spielzeug nur auf dein Signal hin, kannst du es beim Training wunderbar **als Verstärkungs instrument einsetzen**.

Es gibt zwei Techniken, mit denen du deinem Vierbeiner beibringst, das Spielzeug erst zu nehmen, wenn du es ihm erlaubst.

Erwartungsfroher Blick und bereit für die Spieleinheit: Wann kommt endlich das langersehnte Signal zum Loslegen?

TECHNIK NR. 1

Du hältst gleich mehrere Leckerlis in der einen und das Spielzeug in der anderen Hand.

① Gib deinem Hund ein Leckerli nach dem anderen, während er das Spielzeug in deiner anderen Hand sehen kann.

② Beginne nun ganz allmählich damit, das Spielzeug ein wenig zu bewegen, während du ihn weiterhin mit Häppchen fütterst. Dein Hund sollte mit den Leckerlis so beschäftigt sein, dass ihn das Spielzeug gar nicht so sehr interessiert.

③ Jetzt hörst du auf, ihm Leckerlis zu reichen, und gibst ihm das Wortsignal, das Spielzeug zu nehmen.

Um den Schwierigkeitsgrad zu erhöhen, gib ihm die Leckerlis in immer größeren Abständen und lenk deinen Hund stärker mit dem Spielzeug ab.

Sollte das nicht klappen, geh wieder einen Schritt in der Übung zurück.

Diese Technik funktioniert allerdings nicht immer, weil manche Hunde Leckerlis viel lieber mögen als Spielzeug. Sie nehmen deshalb das Spielzeug auch auf Aufforderung nicht, sondern warten geduldig auf weitere Leckerlis. Für solche Fälle gibt es noch eine weitere Technik.

TECHNIK NR. 2

Du brauchst nur das Spielzeug, keine Leckerlis. Diese Technik funktioniert über positive Verstärkung und negative Bestrafung. Mit anderen Worten, je nachdem, wie dein Hund sich benimmt, gibst du ihm das Spielzeug oder nimmst es ihm weg.

VORSICHT

Durch negative Bestrafung entsteht Frustration beim Vierbeiner und manche Hunde tun sich mit Verzicht schwer. Wenn du bei dieser Technik Zweifel hast, solltest du dich von einer Hundetrainerin oder einem Hundetrainer unterstützen lassen.

① Stell dich vor deinen Hund und halte das Spielzeug hinter deinem Rücken. Du musst dich bei dieser Übung schnell und koordiniert bewegen, denn manche Vierbeiner sind sehr flink! Wenn sich das Spielzeug hinter deinem Rücken befindet, darf der Hund es nicht erreichen, sondern muss ruhig vor dir sitzen bleiben. Du solltest deine Hand auch nicht in die Höhe reißen, um das Spielzeug außer Reichweite zu bringen – dein Hund könnte danach springen und dann funktioniert die Übung nicht.

② Das Spielzeug ist also hinter deinem Rücken versteckt und dein Hund sitzt vor dir. Nun holst du es langsam hervor.

③ Sobald er Anstalten macht, danach zu schnappen, ohne dass du ihm das Wortsignal dazu erteilt hast, versteckst du es sofort wieder hinter deinem Rücken.

④ Wiederhole diese Sequenz, bis dein Hund ein oder zwei Sekunden lang warten kann, ohne nach dem Spielzeug zu schnappen. In diesem Moment ist die Frustration für ihn am größten. Manche Hunde schaffen es zunächst nicht, sich zurückzuhalten oder erst »nachzudenken«.

⑤ Sobald dein Vierbeiner es hinbekommt, auch nur einige Sekunden zu warten, setzt du einen Verstärker ein, indem du ihm mit einem deutlichen Wortsignal wie »Nimm« erlaubst, das Spielzeug zu packen.

⑥ Spiele anschließend zum Ausgleich mit ihm.

Bewältigt er die Übung gut, erhöhst du allmählich den Schwierigkeitsgrad, indem du die Wartezeit verlängerst. Sobald er nicht mehr zuverlässig wartet, gehst du wieder einen Schritt zurück.

Als Nächstes übst du, dass dein Hund seinem Impuls widersteht und das Spielzeug erst nach deinem Wortsignal aufnimmt (siehe S. 52). Dabei arbeitest du mit Gesten und verbalen Ablenkungsreizen.

SPIELZEUG AUF KOMMANDO NEHMEN

EIN BLICK AUF DIE IMPULSKONTROLLE

Die Impulskontrolle funktioniert bei einem Hund, wenn er das erlernte Verhalten nur auf ein Signal hin ausführt.
Ein Beispiel: Dein Wortsignal, dass der Vierbeiner das Spielzeug aufnehmen darf, lautet »Nimm«. Die Impulskontrolle ist bei ihm aktiv, wenn …

- du das Wortsignal »Nimm« sagst und dein Hund das Spielzeug ergreift;
- du das Wortsignal »Nimm« sagst und dein Hund kein anderes Verhalten zeigt, als das Spielzeug zu nehmen;
- du nichts sagst und dein Hund das Spielzeug nicht packt;
- du ein anderes Wort sagst als »Nimm« und dein Hund das Spielzeug aber trotzdem nicht anrührt.

TRAINING DER IMPULSKONTROLLE DURCH ABLENKUNGSREIZE

Es gibt zwei Arten von Ablenkungsreizen: die durch Gesten und die durch Worte.

Ablenkungsreize durch Gesten

Damit dein Hund Ablenkungsreize ignoriert, muss er lernen, dass allein das Bewegen des Spielzeugs keine Freigabe bedeutet. Dazu bringst du deinem Vierbeiner mit der Technik auf Seite 49 zunächst bei, das Spielzeug auf dein Signal hin zu ergreifen. Dann erhöhst du allmählich den Schwierigkeitsgrad, indem du die Wartezeit bis zum Kommando verlängerst.

Alternativ kannst du das Spielzeug auch erst ganz sachte und dann immer stärker bewegen. Wenn es deinem Hund gelingt, trotz dieser Ablenkung ruhig zu warten, lobe ihn und gib das Spielzeug frei. Schafft er es nicht, solltest du den Reiz abschwächen und dann in kleineren Schritten wieder steigern.

Verbale Ablenkungsreize

Das Prinzip ist dasselbe wie bei den Ablenkungsreizen durch Gesten, nur eben mit verbaler Ablenkung. Statt das Spielzeug zu bewegen, sagst du ein Wort, das für deinen Hund keine Bedeutung hat. Wenn er daraufhin das Spielzeug nehmen will, versteckst du es sofort hinter deinem

Über Ablenkungsreize gewöhnt sich dein Hund daran, ruhig auf das richtige Wortsignal zu warten.

Es ist wichtig, im Training ein gutes Gleichgewicht zwischen Lernen und Spaß zu finden.

Rücken und fängst neu an. Nach und nach wird dein Vierbeiner verstehen, dass er auf das richtige Wortsignal (»Nimm«) warten muss, bevor er das Spielzeug wirklich packen darf.

All diese Übungen sind natürlich nicht in einer Trainingseinheit zu schaffen – manchmal dauert es mehrere Wochen oder Monate, bis sich der Erfolg einstellt! Jede Trainingseinheit sollte kurz sein und enden, wenn dein Hund müde wird. Am besten sind sehr kurze Einheiten, die nur wenige Minuten dauern, dafür aber häufig wiederholt werden und für deinen Vierbeiner motivierend sind.

TIPP

Idealerweise solltest du die Ablenkungsreize erst getrennt und dann zusammen trainieren. Selbst wenn du sprichst und das Spielzeug dabei bewegst, muss dein Hund sich zurückhalten und auf das richtige Wortsignal warten können, bevor er den Gegenstand aus deiner Hand nimmt.

Dein Hund spielt nun gern, nimmt das Spielzeug auf dein Wortsignal hin auf und gibt es auf Kommando wieder her. Gut gemacht! Jetzt seid ihr bereit für die nächste Stufe!

Bonus: Ballspiele

Bis jetzt ging es nur um Zerrspielzeug, aber viele Hunde rennen am liebsten einem Ball nach. Sehen wir uns einmal an, wie wir dabei am besten vorgehen.

WAS ES ZU BEDENKEN GILT

Wie ich bereits geschildert habe, gibt es mehrere Probleme mit dem Ballspielen. Du solltest also einige Dinge beachten.

Ballwerfen verstärkt den Jagdinstinkt

Wenn du einen Ball wirfst, regst du den Jagdtrieb an. Dein Vierbeiner lernt, dass es etwas Positives ist, hinter einem Objekt herzurennen! Überträgt er dies auf andere Situationen, könnte er anfangen, auch hinter Katzen, Radfahrern, Joggern, Skateboardern etc. herzulaufen.

Du kannst die Verstärkung nicht beeinflussen

Dein Hund verstärkt sein Verhalten über sein körpereigenes Belohnungssystem, wenn er den Ball fängt. Der Verstärkungsprozess und der Belohnungspunkt liegen also außerhalb deines Einflussbereichs. Dein Vierbeiner muss nicht auf dich achten, was sich im Alltagstraining jedoch als ungünstig erweisen kann.

Dopaminexplosion!

Beim Jagen und Fangen des Balls werden im Gehirn deines Hundes große Mengen Dopamin freigesetzt, die seine Erregung auf einem hohen Niveau halten können. Hat dein Vierbeiner ohnehin Probleme damit, wieder runterzukommen, ist Ballspielen nicht ideal. Manche Hunde werden richtiggehend »süchtig« nach Dopamin, wie Menschen beim Glücksspiel. Gewisse Hunderassen, zum Beispiel Border Collie und Malinois, neigen dazu, auch wenn man das nicht verallgemeinern sollte.

Weder Selbstkontrolle noch geistige Stimulation

Dem Ball hinterherrennen, ihn fangen, zurückkommen, erneut losrennen – und das alles in Dauerschleife: Bei dieser Aktivität tobt sich dein Hund richtig aus! Aber Auspowern durch rein körperliche Anstrengung erweist sich langfristig nicht als ideale Beschäftigung, weil dein Vierbeiner dabei immer mehr Ausdauer bekommt und es immer schwieriger wird, ihn auf diese Weise auszulasten.

Zudem braucht der Hund beim Ballspielen seinen Kopf nicht einzusetzen und oft wird keinerlei erzieherische Kontrolle ausgeübt. Manche Hunde werden »ball-

MÜSSEN WIR DAS BALLSPIELEN AUFGEBEN?

Nein! Aber du solltest eure Spieleinheiten etwas umgestalten. Hunde sind außerdem nicht alle gleich: Manche laufen ihr Leben lang hinter Bällen her, ohne dass es zu Problemen kommt, während bei anderen diese Art zu spielen unerwünschte Verhaltensweisen hervorrufen kann.

verrückt«, was nicht gut für ihr emotionales Wohlbefinden ist. Daher gilt: Einen Hund langfristig zufrieden und ausgeglichen zu halten, gelingt am besten, wenn Bewegung, Kopfarbeit, Kauaktivitäten, soziale Kontakte und Nasenarbeit in einem ausgewogenen Verhältnis stehen.

Erst aufwärmen!

Bei der Jagd nach dem Ball kommt es oft zu schnellen, plötzlichen Richtungsänderungen. Deshalb ist es notwendig, den Hund vor dem Spielen aufzuwärmen, indem du fünf Minuten mit ihm läufst.

Richtig mit dem Ball zu spielen, muss ein Hund erst lernen.

BALLSPIELEN, ABER RICHTIG!

Bevor es losgeht, muss dein Hund seinen Jagdinstinkt kontrollieren können. Die Fähigkeit hat er, wenn er auf dein Signal hin warten kann und er sofort zu dir zurückkommt, sobald du ihn rufst. Beides kannst du ihm stufenweise beibringen.

Warten lernen

Es ist wichtig, dass dein Hund lernt, auf dein Signal zu warten. Dies bringst du ihm am besten kleinschrittig anhand des 4D-Prinzips bei. Jedes D steht dabei für einen Trainingsaspekt: Dauer (Duration), Distanz (Distance), Ablenkung (Distraction) und Variation (Diversification).

Zu Beginn arbeitest du mit kurzer Dauer und Distanz, ohne Ablenkung und immer am selben Ort. Wenn dein Vierbeiner Fortschritte macht, erhöhst du allmählich die Schwierigkeit, indem du eines der vier Ds veränderst.

DIE VIER DS

- Die **Dauer (Duration)** ist sowohl die Zeit, die ein Hund braucht, um eine Aktion auszuführen, als auch die Zeit, während der er sie ausführt – etwa eine bestimmte Position wie »Sitz« halten.
- Die **Distanz (Distance)** ist der Raum zwischen dem Hund und dem Signalgeber.
- Die **Ablenkung (Distraction)** sind alle Dinge oder Situationen, die die Aufmerksamkeit des Hundes auf sich ziehen.
- Die **Variation (Diversification)** sind der Ort, die Umgebung und die Bedingungen, unter denen die Übung stattfindet.

»Bleib« mit Handzeichen angezeigt.

Stufe 1: »Bleib«

Stell dich neben deinen Hund und gib das Wortsignal zum Warten (»Bleib« oder »Warte«). Belohne ihn mit einem Leckerli oder anderen Verstärker. Dabei ist es sehr wichtig, dass der Hund sich nicht bewegen muss, um den Lohn zu bekommen.

Entlasse deinen Vierbeiner von Zeit zu Zeit aus der Wartestellung, damit seine Motivation erhalten bleibt. Wiederhole diese Einheit mehrmals.

Falls es dein Hund nicht schafft zu warten, bestrafe ihn nicht! Senke stattdessen den Schwierigkeitsgrad, bis er verstanden hat, was du von ihm erwartest. Dann erst erhöhst du die Anforderung allmählich.

Stufe 2: Dauer steigern

Warte immer länger damit, ihm die Belohnung zu geben: erst drei Sekunden, dann fünf, dann zehn usw. Dabei bleibst du weiterhin bei deinem Hund.

Wichtig: Verkürze die Dauer gelegentlich wieder, damit es für deinen Vierbeiner nicht durchgehend von Mal zu Mal schwieriger wird. So bleibt er motiviert und hat Erfolgserlebnisse!

Stufe 3: Distanz steigern

Verringere die Dauer wieder und erhöhe die Distanz, indem du bei jedem Durchgang einen Schritt zurückgehst.

Wenn dein Hund dir unaufgefordert hinterherkommt, mach eine Pause und fang mit geringerer Distanz noch mal an.

Stufe 4: Dauer und Distanz steigern
Erhöhe allmählich Dauer und Distanz. Dann fährst du beides wieder zurück und führst eine Ablenkung ein.

Stufe 5: Ablenkung einbringen
Um eine Ablenkung ins Spiel zu bringen (etwa ein Spielzeug auf dem Boden), solltest du idealerweise einen »Marker« benutzen. So nennt man ein Signal, das eine Belohnung ankündigt. Ein Klicker ist zum Beispiel ein solcher Marker.

Füge die Ablenkung zwischen dem Marker und der Belohnung ein. Da dein Hund weiß, dass er nach dem Marker eine Belohnung bekommt, bringt ihn die Ablenkung weniger aus dem Konzept.

Stufe 6: Dauer, Distanz und Ablenkung variieren
Probier verschiedene Variationen aus: Dreh dem Vierbeiner beim Weggehen den Rücken zu, bewege dich anders usw. Lass die Übung aber auf jeden Fall mit einem Erfolgserlebnis für deinen Hund enden!

Wenn dein Vierbeiner während der Übung seine Position verändert (sich etwa hinlegt), lass ihn. Es kann anstrengend für ihn sein, in einer Position zu verharren; erlaube ihm daher ruhig, eine bequemere zu finden.

Stufe 7: Variation einbringen
Übt in verschiedenen Umgebungen. Senke dabei den Schwierigkeitsgrad, da der Umgebungswechsel das Lernen erst einmal erschwert. Wenn alles gut klappt, könnt ihr an den vier Ds gleichzeitig arbeiten.

Verfolgung abbrechen und zurückkommen

Deinen Hund nach dem Ball rennen zu lassen und ihn zurückzurufen, bevor er ihn erreicht hat, ist ebenfalls eine gute Methode, um seinen Jagdinstinkt besser unter Kontrolle zu behalten.

Zunächst brauchst du für diese Technik einen positiven Unterbrecher. Dieses wertvolle Trainingsinstrument erleichtert den Rückruf enorm, denn es handelt sich um eine Belohnung, die dein Vierbeiner über alles liebt und die es nur für diese Übung gibt. Dass die Belohnung so rar ist, steigert ihren Wert noch mehr.

Dann verknüpfst du ein Wort, das dein Hund noch nicht kennt, mit der Freigabe dieser Belohnung. Da viele Hunde verfressen sind, verwenden wir hier Leckerlis, aber du kannst die Übung ebenso mit einem Lieblingsspielzeug durchführen, wenn dein Hund darauf besser reagiert.

Stufe 1: Das Wort »aufladen«
Zunächst musst du das Wort positiv »aufladen«, also deinem Hund vermitteln, was es bedeutet. Hier nutzen wir das Kommando »Lass«, aber du kannst natürlich auch jedes andere Wort wählen.

Sag das gewählte Wort deutlich und gib deinem Hund direkt im Anschluss die hochwertige Belohnung. Wiederhole diesen Ablauf mehrmals am Tag etwa zehnmal hintereinander, und das mindestens eine Woche lang.

Dein Hund wird schnell begreifen, dass auf dieses Wort eine unwiderstehliche Belohnung folgt!

Stufe 2: Den positiven Unterbrecher testen

Um den positiven Unterbrecher auf die Probe zu stellen, muss dein Hund leicht abgelenkt sein. Warte, bis er er zum Beispiel eine Spur verfolgt, und sag dann dein Wortsignal »Lass« Dein Hund sollte sich sofort zu dir umdrehen und zu dir rennen, dann bekommt er die besondere Belohnung.

Stufe 3: Schwierigkeitsgrad steigern

Erhöhe den Schwierigkeitsgrad, indem du deinen Hund von immer größeren Ablenkungen abrufst. Das kann beispielsweise der Fall sein, wenn er gerade hinter dem Ball herrennt, den du geworfen hast.

Vorsicht: Du solltest in der Trainingsphase allerdings nicht jedes Mal warten, bis dein Hund abgelenkt ist, sondern das Wortsignal plus Belohnung immer wieder zufällig einstreuen. Sonst könnte dein vierbeiniger Freund auf die Idee kommen, dass er erst abgelenkt sein muss, um auf das Signal zu hören!

Belohne deinen Hund grundsätzlich jedes Mal, wenn er sich abrufen lässt, damit ihm der Lernerfolg frisch im Gedächtnis bleibt.

Zwinge deinen Hund, seinen Kopf zu benutzen

Wirf den Ball nicht permanent geradeaus nach vorn, sondern ändere immer wieder die Wurfrichtung. So lernt dein Hund, auf deine Körperhaltung zu achten, und damit auch, Kontakt zu dir aufzunehmen und dich anzusehen, bevor er wieder dem Ball hinterherflitzt.

Deinem Hund beizubringen, mit Spielzeug zu spielen, kann eine große Hilfe nicht nur in der Erziehung, sondern auch für sein emotionales Gleichgewicht sein. Außerdem stärkt es eure Beziehung. Aber Vorsicht: Das Spielen muss langfristig einen Platz in eurem Alltag bekommen und du musst dir sicher sein, dass dein vierbeiniger Liebling Freude daran hat.

Kehre ruhig regelmäßig zu den einfacheren Übungen zurück, damit er seine Motivation beibehält. Und denk dran: Damit dein Hund motiviert bleibt, solltest du ihn meistens gewinnen lassen und auch selbst Spaß an eurer gemeinsamen Aktivität haben!

Spielen ist eine gute Grundlage für eine erfüllte Beziehung zwischen dir und deinem Hund.

Spielen mit Futter – TRICKS LERNEN

Dem Hund Tricks und kleine Kunststücke beibzubringen, ist eine gute Methode, um das Erlernen verschiedener Verhaltensweisen zu festigen. Dein Liebling bekommt dabei ein besseres Gefühl für seinen Körper im Raum (Eigenwahrnehmung), tobt sich körperlich und geistig aus und vertieft zugleich die Bindung zu dir. Tricks sind außerdem ganz leicht umzusetzen. Du hast natürlich im Blick, wozu dein Vierbeiner körperlich in der Lage ist, aber grundsätzlich können alle Hunde Tricks lernen – und die könnt ihr ganz bequem im Wohnzimmer trainieren.

Locken

Locken ist eine recht intuitive Methode, dem Hund etwas beizubringen. Du regst dabei das gewünschte Verhalten durch einen Motivator an. Dazu nimmst du zum Beispiel ein Leckerli in die Hand oder einen anderen Reiz, den dein Vierbeiner haben will und dem er deswegen folgt. Nun bewegst du das Lockmittel so, dass dein Hund eine neue Bewegung ausführt – zum Beispiel sich hinsetzt, sich hinlegt, in sein Körbchen geht usw.

DIE TECHNIK

- **»Sitz« machen:** Halte dem Hund deine Hand mit dem Leckerli vor die Nase und heb dann die Hand nach oben und leicht nach hinten. Dein Vierbeiner wird der Hand folgen und sich dabei wahrscheinlich hinsetzen. Sobald sein Hinterteil den Boden berührt, gibst du ihm das Leckerli.

- **Ins Körbchen/auf die Decke gehen:** Locke deinen Hund mit dem Leckerli zu seinem Schlafplatz. Sobald er mit allen vier Pfoten im Körbchen oder auf seiner Decke steht, reichst du ihm die Belohnung, um das Verhalten zu bestätigen.

Das klingt zunächst ganz einfach, aber ein paar Vorsichtsmaßnahmen solltest du bei dieser Technik trotzdem beachten.

Behalte beim Locken immer dieselbe Handposition bei – das sorgt für gleichbleibende Signale im Training.

LOCKEN, ABER RICHTG

Die Position der Lockhand

Einer der häufigsten Fehler besteht darin, die Hand falsch zu halten, sodass die Übung gar nicht durchgeführt werden kann. Wenn du sie zu hoch hältst, wird sie deinen Hund zum Springen verleiten; wenn du sie zu schnell bewegst, kann er dir nicht mehr folgen. Sollte die Übung also nicht klappen, so überprüf als Erstes deine Handhaltung.

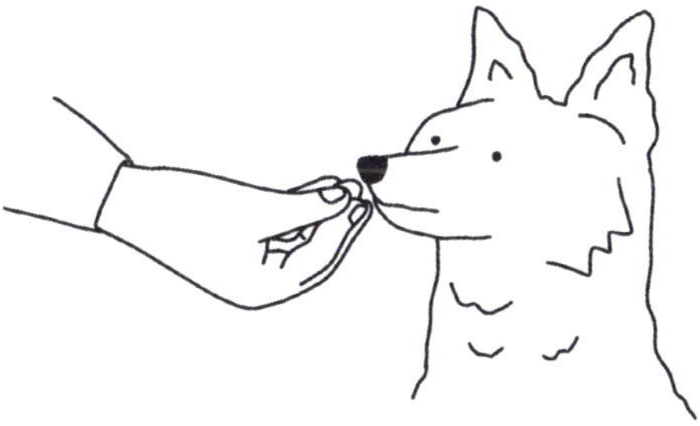

So hältst du die Hand beim Locken richtig.

Kleine Schritte

Wenn dein Vierbeiner trotz Locken nicht das gewünschte Verhalten zeigt, gehst du wahrscheinlich zu schnell vor und verlangst zu viel auf einmal. Schraub deine Anforderungen zurück, damit dein Hund Erfolgserlebnisse hat und den Verstärker bekommt, hinter dem er her ist. Sonst verliert er schnell die Motivation und damit auch die Lust an dieser Übung!

Das Locken darf keine negativen Emotionen wecken

Wenn du von deinem Hund ein Verhalten verlangst, auf das er sich nicht in Ruhe einstellen kann, erzeugt das eine negative Emotion bei ihm. Willst du ihn zum Beispiel dazu bringen, über Hindernisse zu laufen, und hältst dabei die Lockhand zu hoch, kann er nicht mehr sehen, wohin er die Pfoten setzt. Stell dir vor, du müsstest einen Hindernislauf absolvieren, während du in den Himmel starrst ... der reinste Stress! Vermeide also, dass dein Liebling negative Erfahrungen macht.

- **Wenn dein Hund zu aufgeregt ist, um dem Lockmittel zu folgen:** Sehr verfressene oder verspielte Hunde werden durch solche Übungen manchmal allzu sehr angeregt und sind dann schnell frustriert. Fällt dein Vierbeiner in diese Kategorie, bringst du ihm am besten bei, der leeren Hand zu folgen, indem du ihm das ersehnte Leckerli erst hinterher gibst. Oder du lässt ihn anstelle deiner Hand einem Objekt – auch Target genannt – folgen. Dies kann in manchen Fällen praktischer sein.

- **Wenn dein Hund nach deiner Hand mit dem Leckerli schnappt:** Ist er so versessen auf sein Leckerli, dass er es am liebsten mitsamt deiner Hand verschlingen würde, kannst du deinem Vierbeiner beibringen zu warten, solange du ihn lockst. Dazu überlegst du dir eine spezielle Handstellung, mit der du beim Locken das Leckerli hältst. Achte streng darauf, dass es immer die gleiche ist! Jetzt trainierst du deinen Hund darauf, der Lockhand über eine sehr kurze Entfernung zu folgen, dann bestätigst du sein Verhalten mit einem Marker und bietest ihm das Leckerli auf der flachen Hand an.

Der Hund soll lernen, deiner Hand zu folgen, wenn du sie auf eine bestimmte Weise hältst. Mit der Zeit begreift er, dass er die Belohnung erst anschließend aus der anders gehaltenen Hand erhält.

Nur wenn du im Training selbst konsequent bleibst und stets dieselbe Handstellung zeigst, hilfst du deinem Vierbeiner zu verstehen, was von ihm erwartet wird.

Vorteile von Tricks

Kunststücke werden in der Hundewelt oft skeptisch beäugt. »Ich will doch keinen Zirkushund!«, heißt es dann. Dabei sind die spielerischen Tricks sehr nützlich, weil sie das Lernbedürfnis des Vierbeiners befriedigen und damit sein Stresslevel senken können.

Hunde lernen für ihr Leben gern, es ist für sie sogar eine Notwendigkeit. Jeder Hund hat je nach Rasse, Alter oder individuellen Instinkten eigene Bedürfnisse, aber allen gemeinsam ist die Freude am Lernen. Die Vierbeiner haben ein echtes Bedürfnis nach täglicher körperlicher und geistiger Beanspruchung – Tricks sind eine hervorragende Möglichkeit, ihnen dieses Bedürfnis im Alltag zu erfüllen. Das Erlernen von Kunststücken

Gar nicht so schwer, die Übung »Pfote geben«!

macht ihr Leben weniger monoton und sorgt damit für mehr Ausgeglichenheit.

Vorsicht: Manche Tricks sind nicht für jeden Hund geeignet. Vierbeiner mit Gelenkproblemen sollte man zum Beispiel nicht springen lassen. Auch bei Welpen ist Vorsicht geboten, da ihnen Übungen für ausgewachsene Hunde noch schwerfallen. Es ist also wichtig, das Alter des Tieres und seinen körperlichen Zustand zu berücksichtigen – und natürlich auch die Tatsache, ob es überhaupt Lust darauf hat. Das Ziel besteht nicht darin, etwas zu erzwingen, sondern herauszufinden, was den Vierbeiner motiviert.

WICHTIG

Training bedeutet, …

- Momente der Gemeinsamkeit von Mensch und Hund zu erzeugen, die Bindung zu stärken (wenn die angewandten Methoden wohlwollend und positiv sind);
- die Denkfähigkeit des Vierbeiners zu verbessern;
- die Selbstkontrolle des Hundes zu entwickeln: Er lernt, sich selbst zu beherrschen, seine Impulse zu zügeln und weniger grobes, sondern sanfteres Verhalten zu zeigen;
- den Vierbeiner durch spielerisches Lernen geistig zu fordern;
- dem Hund einen Ausgleich zu bieten, der ihm hilft, anschließend ruhiger zu sein.

WIE DEIN HUND LERNT, PAUSEN EINZUFORDERN

Damit dein Hund sich richtig wohlfühlt, braucht er immer einen »Notausgang«: Er sollte eine Situation jederzeit selbst verlassen können – das gibt ihm Sicherheit und ein gutes Gefühl. Wenn dein Vierbeiner im Training die Möglichkeit hat, eine Pause einzufordern, bekommt er ein Stück Kontrolle über das Geschehen. Das wirkt sich spürbar positiv auf seine Emotionen aus. Findet er sich dagegen in einer Situation wieder, aus der er nicht selbst herauskommt, erlebt er das als Zwang – und das erzeugt Stress. Kann er hingegen eigenständig eine Pause einlegen, sinkt sein Stresslevel deutlich.

Viele Menschen haben Sorge, durch derartige Trainingspausen die Kontrolle über ihren Hund zu verlieren. Sie befürchten, dass er dann gar nicht mehr »arbeiten« möchte. Diese Sorge ist natürlich verständlich. Betrachtet man es jedoch anders, zeigt ein Vierbeiner, der eine Übung abbricht, vor allem eines: Die Aufgabe passt in diesem Moment nicht optimal zu ihm – und sollte entsprechend abgeändert werden. Über solche Pausensignale erhältst du also wertvolle Informationen über den aktuellen Motivationszustand deines Hundes.
Es gibt natürlich auch Situationen, in denen dein Vierbeiner keine Wahl hat und ein bestimmtes Signal ausführen muss – zum Beispiel beim Rückruf.
Wenn du für ihn also ein Verhalten als »Notausgang« etablierst, lautet eine wichtige Regel, dass diese Option leicht zu eliminieren sein muss. Mit anderen Worten: Wenn dein Hund keine Wahl haben soll, bietest du ihm diese Möglichkeit einfach nicht an.

Es gibt zwei Schwierigkeitsstufen, um deinem Hund beizubringen, im Training eine Pause einzufordern.

STUFE 1
Das Abbrechen eines Verhaltens genauso belohnen wie das Ausführen

Jedes Mal, wenn du deinem Hund ein neues Verhalten beibringst, solltest du ihm auch zeigen, wie er die Situation sicher wieder verlassen kann. Dazu setzt du einen Verstärker (zum Beispiel ein geworfenes Leckerli) gezielt so ein, dass dein Liebling das neue Verhalten beendet.

Beispiel: Du gibst das Signal »Sitz«. Anstatt die Belohnung im Sitzen zu überreichen, wirfst du sie auf den Boden, sodass dein Hund aufstehen muss, um sie zu holen.

Dieses Prinzip ist besonders wichtig, wenn dein Hund lernt, Agility-Geräte zu betreten. Übt er beispielsweise den Laufsteg, zeig ihm direkt, wie er sicher wieder herunterkommt, und belohne das Absteigen. So stärkst du seine emotionale Stabilität: Die Übung fühlt sich für ihn sicher an, er führt sie lieber aus – und mögliche Angst- oder Unsicherheitsreaktionen werden deutlich reduziert.

STUFE 2
Deinem Hund beibringen, eine Pause einzufordern

Wenn du im Training noch einen Schritt weitergehen möchtest, kannst du deinem Hund ein eigenes Pausensignal beibringen. Dieses Verhalten kündigt dir an: „Ich möchte mal kurz pausieren.«

Hier zwei Beispiele:
- Zeig ihm, dass er sich während des Trainings in sein Körbchen oder auf seinen Schlafplatz zurückziehen darf, wenn er eine Pause braucht. Geht es dann schließlich mit den Übungen weiter, senkst du den Schwierigkeitsgrad, um ihn nicht zu überfordern.
- Im Kontakt mit anderen Hunden kann dein Vierbeiner lernen, sich zwischen deine Beine zu stellen, um eine Pause vom Spiel oder vom direkten Kontakt mit den Artgenossen zu bekommen. Anschließend strukturierst du das Miteinander neu oder entschärfst die Situation, indem du das Zusammensein beendest.

Wie bringst du ihm das nun bei? Zunächst legst du fest, welches Verhalten als Pausensignal dienen soll, und trainierst es ganz normal mit einer Belohnung. Im nächsten Schritt veränderst du die Konsequenz: Das Verhalten, das deinem Hund zunächst ein Leckerli eingebracht hat, verschafft ihm später Abstand oder eine echte Pause.

Beispiel: Dein Hund bekommt jedes Mal ein Leckerli, wenn er zwischen deinen Beinen hindurchläuft. Sitzt dieses Verhalten sicher, änderst du die Bedeutung: Läuft er nun zwischen deine Beine, bekommt er keinen Keks mehr – sondern Abstand zu den Artgenossen.

Anhand der beiden geschilderten Beispiele siehst du, dass sich der »Notausgang« bei Bedarf steuern lässt: Entfernst du das Körbchen aus dem Raum, kann dein Hund sich nicht dorthin zurückziehen. Und stehst du mit geschlossenen Beinen, ist das Hindurchlaufen nicht möglich.
Wichtig ist jedoch, dass du die Entscheidung deines Vierbeiners respektierst, wenn er eine Pause braucht. Nimm ihm diese Möglichkeit nur dann, wenn du in diesem Moment wirklich nicht darauf eingehen kannst. Ebenso wichtig: Beendet dein Hund die Übung über sein Pausensignal, heißt das nicht automatisch Trainingsende. Stattdessen passt du die Einheit an, indem du beispielsweise den Schwierigkeitsgrad senkst oder für mehr Abstand sorgst.

Ziel ist es, das Training so gut wie möglich auf deinen vierbeinigen Freund abzustimmen, damit er erfolgreich lernen kann. Wie so oft in der Hundeerziehung kommt es dabei auf die goldene Mitte an.

DREHEN

Vorbedingung: Dein Hund muss »Sitz« beherrschen.

EINMAL UM SICH SELBST DREHEN

❶ Lass deinen Hund aufstehen. Wenn ihr dafür kein Kommando habt, motivier ihn mit einem Leckerli in die stehende Position. Halte die Hand mit dem Leckerli über seine Schnauze.

❷ Locke ihn dann, indem du mit der Hand einen großen Kreis von seiner Schnauze in Richtung Schwanz ausführst. Er wird dem Leckerli vor seiner Nase instinktiv folgen. Mach die Kreisbewegung am Anfang nicht zu schnell, damit er eine volle Drehung vollführt.

❸ Sobald er eine volle Drehung absolviert hat, bekommt er das Leckerli.

❹ Nun musst du diesen Ablauf nur noch mehrmals wiederholen, bis dein Hund die Übung relativ flüssig ausführt. Vergiss nicht, ihn nach jeder vollen Drehung zu belohnen.

❺ Zum Schluss führst du ein Wortsignal für den Trick ein, zum Beispiel »Dreh dich« für die Drehung rechtsherum und »Andersrum« für die Drehung linksherum.

ANDERSHERUM DREHEN

Achte darauf, mit dieser Übung erst anzufangen, wenn dein Hund die erste Drehung perfekt beherrscht.

Um mit ihm die Drehung in die Gegenrichtung zu trainieren, wiederholst du einfach die erste Übung, aber lässt ihn sich andersherum drehen.

Dabei ist es wichtig, auch die Drehung rechtsherum weiterzuüben, damit er beide Wortsignale begreift und voneinander zu unterscheiden lernt.

Du wirst feststellen, dass dein Vierbeiner eine Lieblingsrichtung hat. Wechsle die beiden Signale daher immer wieder ab, damit er sich nicht dauernd in dieselbe Richtung dreht.

Wenn das Gelernte sicher sitzt und dein Hund sich problemlos in beide Richtungen dreht, kannst du die Belohnung zurückfahren. Nun gibst du ihm nur noch jedes zweite Mal ein Leckerli, dann lediglich jedes dritte Mal usw., bis du ihn gar nicht mehr belohnen musst. Sag zum Beispiel dein Signal »Dreh dich«, dann »Andersrum« und gib ihm das Leckerli erst, wenn er beide Drehungen ausgeführt hat.

MÄNNCHEN MACHEN

Vorbedingung: Dein Hund muss »Sitz« beherrschen.

❶ Stell dich vor deinen Hund. Halte ein Leckerli direkt über seinen Kopf.

❷ Heb die Hand langsam an, bis er sich so weit aufrichtet, dass seine Vorderpfoten sich vom Boden lösen und er nur noch auf den Hinterbeinen sitzt. Sein Hinterteil soll dabei den Boden nicht verlassen – achte also darauf, die Hand nicht zu hoch zu heben. Suche die ideale Höhe, bei der er mit aufgerichtetem Oberkörper noch gut sitzen kann.

❸ Sobald er diese Position eingenommen hat, gibst du das Signal, zum Beispiel »Mach Männchen«, und belohnst ihn anschließend.

KÖRPERSPANNUNG UND GLEICHGEWICHT TRAINIEREN

Wenn dein Hund bei dieser Übung nicht das Gleichgewicht halten kann, fehlt es ihm vielleicht an Körperspannung. In diesem Fall übst du am besten stufenweise mit ihm: Belohne ihn, sobald er die Vorderpfoten auch nur ein wenig vom Boden löst, und arbeite dann mit ihm an der Dauer und der Höhe. Geh unbedingt in kleinen Schritten vor, damit er sich nicht verletzt oder das Gleichgewicht verliert. Wiederhole diese Übung häufig und immer nur kurz (einige Durchläufe pro Tag), um seine Körperspannung und sein Gleichgewicht zu trainieren. Vergiss nicht, dass diese Übung anstrengend und schwierig ist! Pass sie an die körperlichen Fähigkeiten deines Hundes an und setz auf viele kleine Wiederholungen, um Erschöpfung und Misserfolge zu vermeiden.

PFOTE GEBEN

Vorbedingung: Dein Hund muss »Sitz« beherrschen.

❶ Stell dich vor deinen Hund. Halte ein Leckerli in der geschlossenen Hand.

❷ Lass ihn an deiner geschlossenen Hand schnuppern. Er wird instinktiv versuchen, an das Leckerli zu gelangen. Manche Vierbeiner begreifen langsamer als andere, was man in diesem Moment von ihnen will! Bleib geduldig.

❸ Nach einer Weile wird dein Hund die Pfote einsetzen, um deine Hand zu öffnen. Sobald seine Pfote deine geschlossene Hand berührt, öffnest du sie und lässt ihn das Leckerli von der offenen Handfläche nehmen.

❹ Wiederhole das Ganze mehrmals, bis er die Bewegung flüssig ausführt.

❺ Führe dann ein Wortsignal ein, etwa »Pfote«.

Wie beim Drehen kannst du deinem Hund beibringen, die eine oder die andere Pfote zu geben. Dazu hältst du im ersten Schritt die Hand mit dem Leckerli etwas seitlich in Richtung der anderen Pfote. Zuerst wird dein Hund versuchen, sich zu drehen, um seine starke Pfote zu benutzen. Lass ihn in diesem Fall so oft wieder vor dir »Sitz« machen und fang von vorn an, bis er begriffen hat, dass er die andere Pfote nehmen soll.

Anschließend kannst du ein neues Kommando einführen, zum Beispiel »andere Pfote«. Oder du trainierst ihn gleich auf die Wortsignale »rechte Pfote« und »linke Pfote«.

VORSICHT

Wenn dein Hund sehr grob ist, lass dir von einem Profi helfen, damit er dich nicht mit seinen Krallen verletzt.

DURCH DIE BEINE

Vorbedingung: Dein Hund muss »Sitz« beherrschen.

❶ Lass deinen Hund hinter dir sitzen und stell dich breitbeinig hin.

❷ Halte eine Hand mit einem Leckerli vor deine Beine, damit dein Hund nach vorn läuft. Zwischen deinen Beinen hält er an und setzt sich eventuell hin.

❸ Sobald dein Vierbeiner durchgegangen ist, belohnst du ihn.

Du kannst die Übung auch umkehren: Lass den Hund vor dir sitzen und halte die Hand mit dem Leckerli hinter dich. Zeig ihm das Leckerli durch deine Beine hindurch und locke ihn damit durch. Sobald er hinter dir ist, belohnst du ihn.

ROLLE

Vorbedingung: Dein Hund muss »Platz« beherrschen.

❶ Gib deinem Hund das Wortsignal, sich vor dich hinzulegen.

❷ Nimm dann ein Leckerli in die Hand und führe sie in Richtung Boden, damit dein Hund den Kopf ablegt.

❸ Sobald sein Kopf auf dem Boden liegt, führst du die Lockhand in einem Halbkreis von links nach rechts über seinen Kopf. Wenn er dem Leckerli folgt, dreht er den Kopf von selbst nach oben und auf die andere Seite und nimmt dabei automatisch den Körper mit. Wichtig und zugleich schwierig ist, dafür zu sorgen, dass er dabei liegen bleibt.

❹ Hat dein Hund die Bewegung verstanden, führst du dein Wortsignal ein, zum Beispiel »Rolle«.

TOUCH

Vorbedingung: Dein Hund muss »Sitz« beherrschen.

❶ Stell dich vor den sitzenden Hund und zeig ihm ein Leckerli in deiner Hand. Klemme nun die Belohnung zwischen Daumen und Zeigefinger der offenen Hand ein. Dabei zeigt die Handfläche zum Vierbeiner.

❷ Lass deinen Hund nach dem Leckerli suchen. Wenn er es nimmt, sagst du in neutralem Tonfall »Ja«. Leg nicht zu viel Begeisterung in deine Stimme, damit er nicht zu stark angeregt wird.

❸ Nach etwa zehn Wiederholungen streckst du die Hand ohne Leckerli aus. Sobald er sie berührt, sagst du wieder »Ja« und belohnst ihn mit einem Leckerli aus der anderen Hand.

❹ Wenn dein Hund jedes Mal deine Hand mit der Nase berührt, sobald du sie ihm hinhältst, hat er die Übung begriffen.

❺ Füge jetzt noch das Kommando hinzu: Halte deine Hand vor seine Nase und gib das Wortsignal »Touch«. Sobald er die Hand berührt, belohnst du ihn mit einem Leckerli.

Du kannst die Übung variieren und schwieriger machen, indem du die Entfernung zwischen euch erhöhst oder deine Hand erst nach links, dann nach rechts, nach oben, nach unten usw. führst.

PENG!

Vorbedingung: Dein Hund muss »Platz« beherrschen.

❶ Lass deinen Hund »Platz« machen und zeig ihm ein Leckerli, ohne es ihm zu geben.

❷ Führe ihn mit der Lockhand, bis er mit dem Kopf auf dem Boden auf der Seite liegt.

❸ Sobald er in der richtigen Position liegt, gibst du das Wortsignal »Peng« und belohnst ihn.

Hat dein Hund die Übung verstanden, arbeitet ihr an der Distanz: Geh immer weiter weg von ihm und belohne ihn, wenn er die Bewegung ohne Locken ausführt. Sobald er das gut beherrscht, könnt ihr die Aktion aus dem Sitzen oder Stehen probieren. Aber bleib geduldig – das Üben in ganz kleinen Schritten ist für diesen Trick von entscheidender Bedeutung.

Der Hund folgt der Hand, um die Slamlombewegung auszuführen.

SLALOM

❶ Stell dich breitbeinig hin und lass deinen Hund neben deinen Füßen »Sitz« machen.

❷ Nimm ein Leckerli in die rechte Hand, lass ihn daran schnuppern und führe ihn damit vor dein rechtes Bein.

❸ Gib das Leckerli nun durch deine Beine hindurch von der rechten in die linke Hand (die linke Hand ist hinter dem linken Bein). Das Ziel besteht darin, dass dein Hund deiner Hand mit dem Leckerli folgt und durch deine Beine hindurch eine Acht läuft.

❹ Für diese Übung brauchst du ein besonders begehrtes Leckerli, damit dein Vierbeiner motiviert genug ist, der komplizierten Bewegung zu folgen.

❺ Jedes Mal, wenn dein Hund zwischen deinen Beinen hindurchläuft, sagst du dein Wortsignal, zum Beispiel »Durch« oder »Slalom«.

❻ Nach jeder vollen Achterbewegung bekommt dein vierbeiniger Liebling sein Leckerli.

❼ Wiederhole die Übung mehrmals nach beiden Seiten.

Mit der Zeit wird die Bewegung immer flüssiger. Irgendwann führt sie der Hund aus, ohne sich an der Hand zu orientieren.

Wenn die Übung gut klappt, kannst du dabei langsame Schritte nach vorn machen. Wiederhole die Übung einfach wie vorher und stell dabei erst das rechte, dann das linke Bein nach vorn, dann wieder das rechte usw.

SPIELEN ohne Hilfsmittel

Diese Technik, die ohne Spielzeug und Leckerlis auskommt und auch als *personal play* bezeichnet wird, geht auf die renommierte Hundetrainerin Denise Fenzi zurück. Dabei werden alle äußeren Motivatoren entfernt, damit du herausfinden kannst, was dein Hund wirklich liebt. So lernst du ihn als Individuum kennen und kannst dich besser auf ihn einstellen. Durch diese Technik lernst du von deinem Hund, nicht umgekehrt!

Die Spielregeln verstehen

Bei dieser Übung musst du deinen Blickwinkel ändern, denn jetzt lernst du etwas Neues von deinem Hund! Diesmal ist er also der Trainer.

In der ersten Stufe findest du heraus, wer dein Hund ist, was ihn von Natur aus antreibt und was ihn demotiviert.

Wenn du diese Informationen über deinen Liebling gesammelt hast, kannst du sie als Verstärker einsetzen. So bringst du eure Beziehung und eure Verbundenheit auf ein höheres Level.

Vorsicht: Die im Folgenden vorgestellten Stufen sind nicht für eine einzige Spieleinheit gedacht. Sie müssen über mehrere Tage oder sogar Wochen verteilt werden, damit sie deinen Vierbeiner nicht überfordern. Außerdem solltest du sie unbedingt an deinen Hund anpassen.

Beim Spielen ohne Hilfsmittel lernst du deinen Hund noch einmal ganz neu kennen.

STUFE 1

Herausfinden, was dein Hund mag

Wenn du deinen Vierbeiner mit Artgenossen spielen siehst, was beobachtest du? Sehr oft spielen Hunde auf eine von zwei Arten miteinander: Entweder jagen sie sich oder sie rangeln miteinander.

In eurer Spieleinheit knüpfst du an diese Beobachtungen an. Wenn du bemerkst, dass dein Hund bestimmte Interaktionen mit anderen Vierbeinern mag oder gerade nicht mag, behalte das im Hinterkopf. So kannst du ihm Spielangebote machen, die ihm mit größerer Wahrscheinlichkeit sehr gut gefallen werden.

Zunächst lässt du deinen Hund den Bereich, in dem du mit ihm spielen willst, kennenlernen und beschnüffeln. Soll die Spieleinheit im Garten stattfinden, geh vorher einige Minuten mit ihm Gassi, damit er bei Bedarf sein Geschäft erledigen und vor allem die Muskeln aufwärmen kann. Warte, bis dein Hund Kontakt mit dir aufnimmt: Ruf ihn nicht zu dir – er sollte von selbst kommen. Falls er das draußen grundsätzlich nicht tut, kannst du ihn an die Schleppleine nehmen, um seinen Radius einzuschränken, oder zuerst daran arbeiten, dass er gern und freiwillig Zeit mit dir verbringt.

Richtet dein Hund seine Aufmerksamkeit schließlich auf dich, startest du das Spiel. Probier dazu verschiedene Verhaltensweisen aus, die deinem Hund wahrscheinlich gefallen: rennen, rangeln usw. Biete ihm aber nicht alles gleichzeitig an! In dieser Phase willst du ja erst einmal herausfinden, was ihm gefällt und was nicht.

TIPP

Hütehunde sehen uns im Allgemeinen gern laufen. Du kannst versuchen, in großen Kreisen zu laufen, das mögen sie oft. Manche Vierbeiner bevorzugen es, wenn man sie »jagt«, andere laufen lieber ihrem Menschen hinterher. Probier aus, was deinem Hund am meisten Spaß bereitet.

VERSTEHEN, WAS DEIN HUND MAG UND WAS NICHT

Wenn dein Vierbeiner sich dir zuwendet, dich also ansieht, auf dich zuläuft, Aufmerksamkeit zeigt usw., drückt er damit aus, dass er weiterspielen will.

Zieht er sich dagegen zurück, wendet den Blick oder den Kopf ab, kommt nicht mehr freudig auf dich zu oder läuft sogar von dir weg, weißt du, dass ihm eure Interaktion nicht gefallen hat. Besser, du wiederholst sie nicht wieder.

Zieht sich dein Hund nach einem deiner Spielangebote zurück, wartest du, bis er von selbst wieder auf dich achtet – ohne ihn zu rufen! Nun setzt du das Spiel mit anderen Angeboten fort. In dieser Phase solltest du vor allem geduldig sein und dich nach ihm richten. Reagier nicht beleidigt oder verärgert, wenn dein Liebling sich zurückzieht, sondern überleg, wie du dein Verhalten ändern kannst, um diese Reaktion zu vermeiden.

Denk dran: Du willst in dieser Phase herausfinden, was dein Hund von sich aus mag, ohne ihn mit Tricks zu motivieren. Indem du Angebote machst und dann beibehältst, was funktioniert, und weglässt, was nicht gut ankommt, führst du eine Art Dialog mit ihm. Und sobald du genau weißt, was dein Liebling mag und was nicht, gehst du über zu Stufe 2.

Laufspiel

Raufspiel

TIPP

Wenn es nicht richtig klappen will, filmst du am besten eure Einheiten mit dem Handy. So kannst du dir die Situation noch einmal mit etwas Abstand ansehen und dein Verhalten präziser anpassen.

BESCHWICHTIGUNGSSIGNALE

Wenn dein Hund ein Beschwichtigungssignal zeigt, indem er zum Beispiel den Kopf abwendet, gähnt oder sich die Nase leckt, fühlt er sich vielleicht unwohl. Leg eine kleine Pause ein und prüfe, ob er hinterher weiterspielen will. Beobachte dabei sein Verhalten.

Der Hund zeigt Beschwichtigungssignale.

PAUSEN NICHT VERGESSEN!

Es ist sehr wichtig, regelmäßig Pausen einzulegen. So stellst du zum einen sicher, dass dein Hund seine Motivation nicht verliert und weiterspielen will. Zum anderen sorgst du auch dafür, dass sein Erregungslevel nicht zu hoch wird.

Wenn sich dein Vierbeiner während einer Pause von dir abwendet, wartest du, bis er wieder Kontakt aufnimmt. Dann passt du euer Spiel an. Will er im Gegenteil das Spielen nicht unterbrechen, wirfst du einige Leckerlis auf den Boden und wartest, bis er sich beruhigt hat. Mach nach der Pause mit Aktivitäten weiter, bei denen er sich weniger in einen Erregungszustand hineinsteigert.

Um deinem Hund zu zeigen, dass ihr eine kleine Pause einlegt, machst du abrupt etwas anderes – bindest deinen Schnürsenkel, schaust auf dein Handy ... Keine gute Idee ist es jedoch, dich von deinem Vierbeiner einfach wegzudrehen und so stehen zu bleiben. Das wirkt auf ihn wie eine Strafe und das wollen wir vermeiden. Auch hier kannst du dir abgucken, wie Hunde es untereinander lösen: Wenn sie eine Pause brauchen, bleiben sie nicht stocksteif stehen, sondern fangen an, irgendwo zu schnuppern, sich zu kratzen oder etwas zu trinken.

Spielunterbrechungen, wie hier zum Kuscheln, sind für Mensch und Hund gut.

SICHERHEITSTIPP

Manche Hunde spielen so gern mit ihrem Menschen, dass sie vor Begeisterung ziemlich grob werden. Wenn dein Vierbeiner beim Spielen anfängt zu beißen, dich aber in den Pausen in Ruhe lässt, gib ihm ein Spielzeug in die Schnauze – nicht zum Spielen, sondern damit er seine überschüssige Energie an dem Gegenstand auslassen kann und dir nicht wehtut.

Zeit für eine kleine Spielpause!

STUFE 2

Erregung steigern und dämpfen, ohne die Intensität einzubüßen

Wenn dein Vierbeiner deine Spielangebote begeistert annimmt, könnt ihr an seinen Erregungszuständen arbeiten.

Wichtig ist es dabei, Erregung nicht mit intensiver Konzentration zu verwechseln. Ein Hund kann ruhig und ganz auf dich konzentriert spielen oder sich so sehr in die Erregung hineinsteigern, dass er nicht mehr richtig auf dich achtet.

Während eurer Spieleinheiten muss dein Liebling seine Aufmerksamkeit auf dich richten, darf aber nicht so erregt sein, dass er die Konzentration verliert. In seinem Erregungszustand gibt es sozusagen eine rote Linie: Wenn er die überschreitet, ist er nicht mehr in der Lage, dich wahrzunehmen und sein Verhalten anzupassen.

Beim Spielen mit einem Artgenossen etwa ist dein Vierbeiner vielleicht mit Leidenschaft bei der Sache, aber wenn der andere Hund eine Pause verlangt, muss deiner das respektieren. Tut er das nicht, ist seine Erregung zu groß und er kann nicht mehr verarbeiten, was sein Spielpartner ihm zu verstehen gibt. Dann spielt er nicht mehr, sondern bedrängt ihn.

In dieser Phase geht es darum, dass dein Hund sich nicht allzu sehr in die Erregung hineinsteigert, damit sein emotionaler Zustand ausgeglichen bleibt. Es darf sich für ihn aber nicht anfühlen, als würdest du dich von ihm zurückziehen, wenn du seine Erregung dämpfst. Andernfalls wirst du immer mit sehr viel Energie auftreten müssen, um deinen Vierbeiner zum Spielen zu animieren. Mit dieser Technik begreift er, dass du auch beim ruhigeren Spielen noch voll dabei bist.

Um seinen Erregungszustand im Spiel zu dämpfen oder zu steigern, ohne dass er aussteigt, musst du dich selbst gut im Griff haben. Du bestimmst mit deinem Verhalten die Intensität des Spiels. Um etwas Dampf herauszunehmen, führst du deine Bewegungen fort, wirst aber allmählich langsamer, damit dein Hund sich auf deine Energie einpegeln und deinem Rhythmus folgen kann.

Pass dich deinem Vierbeiner an: Wenn du das Tempo senkst und dein Hund daraufhin das Interesse verliert, fahr die Energie für einige Minuten wieder hoch und beende die Einheit dann. Dein Hund soll das Spielende eher als etwas Negatives empfinden. Wenn er sich freut, dass die Spieleinheit vorbei ist, dann hat sie ihm keinen Spaß gemacht. Wenn man bei etwas Spaß hat, will man damit ja nicht aufhören!

Klappt es schon ganz gut mit dem Steuern der Erregung, dann könnt ihr nun zur nächsten Stufe übergehen.

STUFE 3

Training ins Spiel einbauen

Du weißt also, wie du mit deinem Hund am besten spielst, und bist in der Lage, seine Erregung zu lenken – perfekt! Denn nun kannst du ihn zwischendurch auch Tricks ausführen lassen (siehe S. 60), die er schon beherrscht

Beginne mit einer Aufgabe, die er während einer Spieleinheit ohne Hilfsmittel ausführen soll: Spiel mit ihm, lass ihn einen Trick vollführen, spiel weiter, gib ihm eine andere Aufgabe, nimm das Spiel wieder auf usw. Beende das Training immer mit einem Spiel.

Das Abwechseln von Spiel und Aufgabe trainiert die geistige Flexibilität deines Vierbeiners. Indem er schnell von einer Aktivität zu einer anderen wechselt, lernt er aber auch, seine Emotionen zu steuern.

Wenn dein Hund die Aufgabe gut erfüllt, kannst du die Schwierigkeit erhöhen, indem du ihn mehrere Tricks hintereinander ausführen lässt. So schaffst du eine Konditionierungssituation, bei der sich Spiel und Training mischen; das Weiterspielen dient hier als Verstärker. Natürlich kannst du auch andere Belohnungen wie Leckerlis oder Spielzeug einsetzen, um den Lernprozess voranzutreiben.

Spiel- und Trainingseinheiten sollten sich immer abwechseln.

Mit diesen Übungen hast du gelernt, was dein Hund ohne Motivation von außen in gemeinsamen Aktivitäten mit dir mag und was nicht. Du hast ihm beigebracht, sich auf deine Energie einzupegeln, und du hast erfolgreich Trainingselemente in euer Spiel eingebaut. Damit hast du ein neues Ass im Ärmel, wenn du mit deinem Hund spielen und ihm etwas beibringen willst!

SPIELE für mehr Autonomie

Autonomie ist eine Kompetenz, die du deinem Hund mit bestimmten Spielen antrainieren kannst, etwa mit Schnupper- und Intelligenzspielen oder Aktivitäten im Hundesport. Das ist vor allem nützlich, wenn dein Liebling immer an deiner Seite klebt, schlecht allein bleiben kann oder lernen muss, sich in seiner Umgebung sicher zu fühlen. Oder wenn er im Gegenteil so sehr auf seine Umgebung fokussiert ist, dass er kaum auf etwas anderes – dich – achtet.

Spiele, die die Autonomie fördern, sind für alle Hunde sinnvoll, auch für von sich aus schon sehr ausgeglichene. Dabei darf der Vierbeiner eigene Entscheidungen treffen, während er Aufgaben in seiner Umgebung löst, die ihm gestellt wurden. Solche Spiele helfen ihm, Selbstvertrauen aufzubauen und Dinge selbstständig zu bewältigen. Und dich unterstützen sie gleichzeitig im Erziehungsprozess.

Futternapfspiel

Das Ziel besteht darin, dass dein Vierbeiner sich von dir entfernt, während du sein Verhalten trotzdem durch Belohnung weiter bestätigst. Das kann sehr nützlich sein, wenn du mit ihm Hundesportarten wie beispielsweise Agility, Canicross, Hoopers oder Dog Frisbee ausüben möchtest.

① Stell die Futternäpfe im Abstand von etwa zwei Metern auf und positionier dich selbst dazwischen.

② Leg ein Leckerli in einen Napf und halte ein weiteres bereit. Sobald dein Hund das erste Leckerli aus Napf 1 gefressen hat und sich zu dir umdreht, legst du das zweite Leckerli in Napf 2.

③ Wiederhole diese Abfolge mehrmals, bis dein Vierbeiner sich nicht mehr zu dir umdreht, sondern direkt zu Napf 2 sieht.

FUTTERNAPFSPIEL

Die beiden Näpfe stehen zwei Meter voneinander entfernt.

④ Wenn dein Hund direkt von Napf 1 zu Napf 2 läuft, ohne dass du vorher ein Leckerli hineingelegt hast und ohne dich anzusehen, kannst du Dauer und Distanz erhöhen.

Beim Futternapfspiel lernt dein Hund, sich von dir zu entfernen, während er dabei kontinuierlich belohnt wird. Anders gesagt: Er versteht, dass er das Leckerli nicht direkt von dir bekommt. So kann er nun auch Aufgaben ausführen, die etwas Abstand zu dir erfordern.

TIPP

Für Hunde gibt es spezielle Futterautomaten, die per Fernsteuerung Leckerbissen freigeben. Solche Geräte kannst du gut für diese Übung einsetzen.

Leckerlis suchen

Eine weitere Möglichkeit, die Selbstständigkeit deines Hundes zu trainieren, sind Suchspiele. Mit dem Geruchssinn deines Vierbeiners zu arbeiten, hat auch noch andere Vorzüge: Es befriedigt seine olfaktorischen Bedürfnisse und hilft ihm, sich zu beruhigen. Das Schnuppern wirkt sich nämlich direkt auf seinen Herzschlag aus – es verlangsamt ihn.

DER SCHNÜFFELTEPPICH

Kaufe oder bastle einen Schnüffelteppich und verstecke Leckerlis oder das normale Futter deines Hundes darin: So muss er sich seine Mahlzeit erst mit der Nase erarbeiten.

TROCKENFUTTER IM GARTEN VERTEILEN

Die Mahlzeiten spielerisch anzubieten, ist besonders bei energiegeladenen Hunden sehr nützlich. So wird das Füttern gleichzeitig zu einer Quelle von Spaß und geistiger Stimulation – ganz ähnlich übrigens wie bei Zootieren. Eine einfache Möglichkeit für den Alltag ist, das Trockenfutter im Gras zu verteilen, damit der Hund jedes Häppchen suchen muss.

VORSICHT

Bei großer Hitze solltest du auf diese Aktivität verzichten. Hunde regulieren ihre Körpertemperatur über das Hecheln – das ist beim Schnuppern aber nicht möglich. Daher kann es zum Hitzschlag kommen!

Love hat sehr viel Spaß mit seinem Schnüffelteppich.

TUTORIAL: SCHNÜFFELTEPPICH BASTELN

MATERIAL

- Ringgummimatte (mit Löchern)
- Fleecestoff in drei Farben
- Schere
- Maßband
- Stift

Aus dem Fleecestoff 250 bis 300 Streifen à 3 x 20 cm zuschneiden. Die Anzahl der Streifen ergibt sich aus der Größe der Ringmatte. Für einen mittelgroßen Hund kann schon eine Gummimatte von 12 × 15 cm genügen.

1. REIHE

Einen Streifen (in der Abbildung orange) durch das erste Loch und das Loch rechts daneben ziehen und auf der Oberseite der Matte verknoten. Über die ganze Reihe so fortfahren. Hast du mehrere Farben, wechsle sie ab wie in der Abbildung.

2. REIHE

Einen Streifen (in der Abbildung orange) durch das erste Loch der ersten Reihe und das Loch darunter ziehen und verknoten. Einen weiteren Streifen (gelb) durch das erste Loch und das Loch diagonal darunter ziehen und verknoten. Die beiden Schritte bis zum Ende der Reihe mit wechselnden Farben wiederholen.

3. REIHE

Einen Streifen (in der Abbildung grün) durch das erste Loch der zweiten Reihe und das Loch darunter ziehen und verknoten. Einen weiteren Streifen (in der Abbildung gelb) durch dasselbe Loch und das diagonal darüber ziehen und verknoten.
Die beiden Schritte bis zum Ende der Reihe mit wechselnden Farben wiederholen.

4. REIHE

Die Streifen wie in der zweiten Reihe durch die Löcher ziehen und verknoten. Anschließend die Löcher der vierten Reihe wie in der ersten Reihe mit den Streifen verbinden.

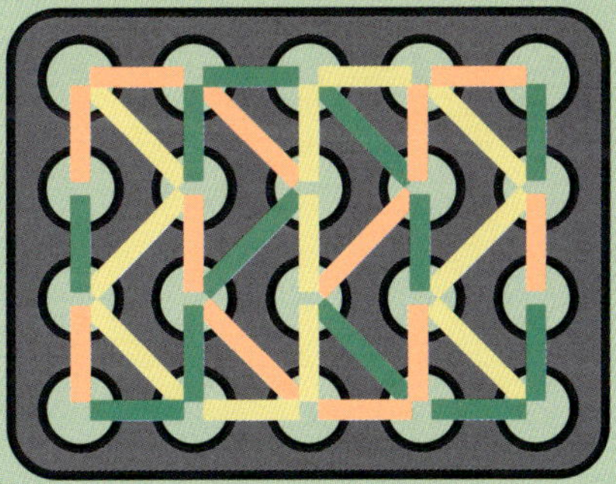

Hütchenspiel

Bei diesem Spiel soll dein Hund lernen zu erschnüffeln, unter welchem Becher sich der Leckerbissen versteckt. Du brauchst dazu ein paar Leckerlis und zwei bis drei Becher.

DIE TECHNIK

① Nimm einen Becher und zeig deinem Hund, wie du ein Leckerli darunter versteckst.

② Wenn er am Becher schnuppert, hebst du diesen hoch, damit er das Leckerli nehmen kann. Wiederhole diese Schritte mehrere Male. Hat dein Vierbeiner das Prinzip begriffen, wirf ein Leckerli auf den Boden. Während dein Hund es holt, legst du unbeobachtet ein Leckerli unter den Becher. Im Normalfall wird dein Vierbeiner, nachdem er zu dir zurückgekommen ist, am Becher schnuppern; falls nicht, wiederhole die vorigen Schritte noch mal (vielleicht bist du zu schnell weitergegangen). Versuche es alternativ mit einem begehrteren Leckerli.

③ Sobald dein Hund das Grundprinzip beherrscht, stell zwei Becher hin: einen leeren und einen mit Leckerli.

④ Wenn er gelernt hat, am richtigen Becher zu schnuppern, kannst du die Anzahl der Becher erhöhen, die Becher vertauschen usw. Lass deiner Fantasie freien Lauf!

Hütchenspiel mit hochkonzentriertem Hund

HÜTCHENSPIEL

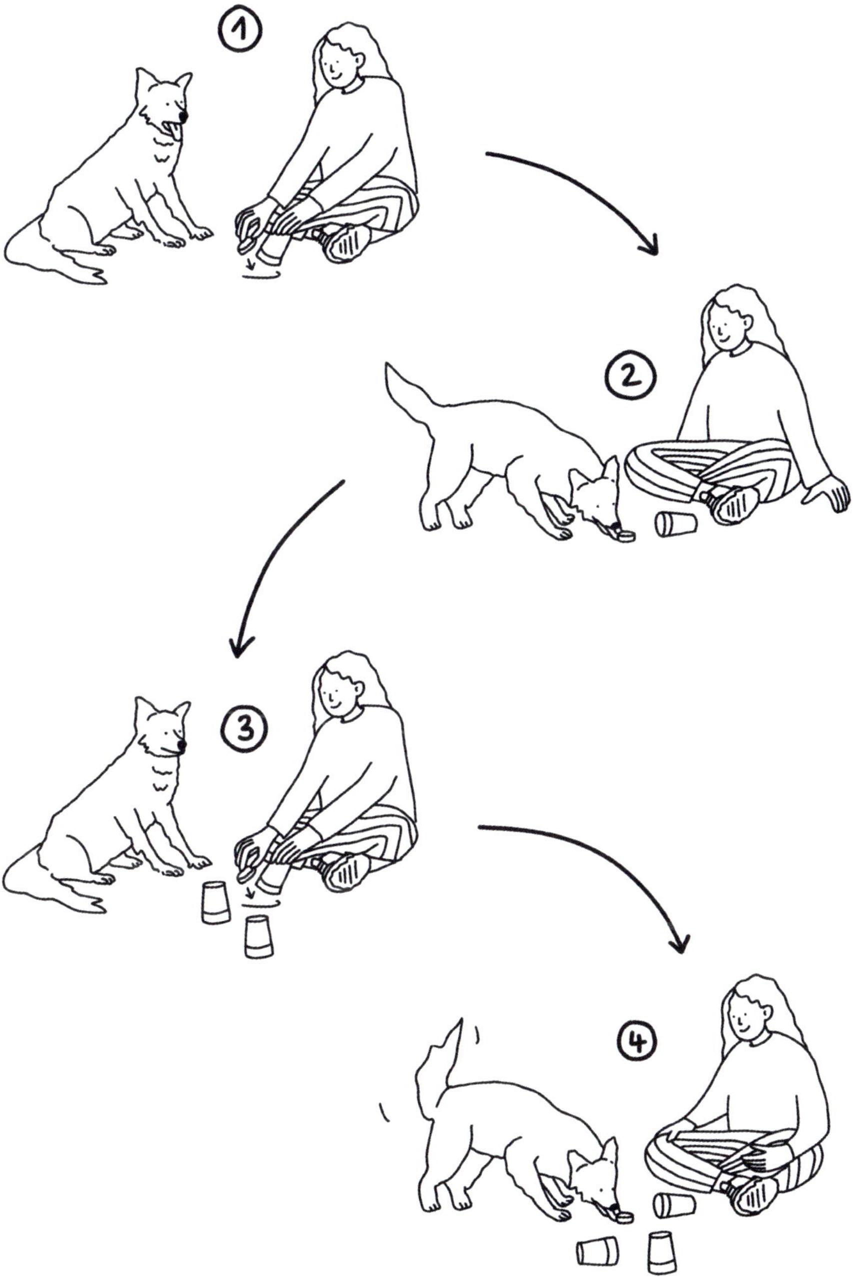

Verschiedene Intelligenzspielzeuge

Intelligenzspielzeug

Unter dem Begriff Intelligenzspielzeug versteht man Spielbretter, in denen Leckerlis versteckt werden, die der Hund finden soll. Diese Spiele trainieren seine Autonomie, helfen aber auch bei der Entwicklung seines Körpergefühls, weil er Schnauze oder Pfoten einsetzen muss, um an die Häppchen zu gelangen.

Intelligenzspielzeuge gibt es in verschiedenen Schwierigkeitsstufen. Achte also darauf, nicht mit einem zu schwierigen Modell anzufangen, um deinen Hund nicht zu demotivieren. Lass ihn auch nie mit dem Spielzeug allein – er könnte es kaputtmachen, ankauen oder gar Plastikteile verschlucken. Biete ihm solche Spielzeuge nur von Zeit zu Zeit tagsüber und unter Aufsicht an.

Manche Hunde haben den Bogen schnell raus.

Eigenwahrnehmung

Die Eigenwahrnehmung (Propriozeption) ist das Bewusstsein für die Lage und Bewegung des eigenen Körpers, ohne auf den Sehsinn zurückzugreifen. Hunde sind sich ihres Körpers oft nicht bewusst, vor allem wenn sie noch in der Entwicklung sind. Hast du schon mal gedacht: »Wieso läuft er ständig gegen die Möbel, merkt er das nicht?« Nein! Genau das ist das Problem. Viele Vierbeiner lernen nie, dass sie auch noch Hinterbeine und einen Schwanz haben!

Die Eigenwahrnehmung bestimmt, wie der Hund Empfindungen am Körper, Bewegung und Gleichgewicht erkennt und deutet. Daran beteiligt sind Rezeptoren in der Haut sowie Muskeln, Sehnen, Bänder, Gelenke, sensorische und motorische Nerven, Gehirnareale sowie Teile des visuellen Systems und des Gleichgewichtssystems im Innenohr.

Dank seiner Eigenwahrnehmung kann ein Hund laufen und sich bewegen, ohne auf seine Pfoten zu schauen. Sie ist wichtig für alltägliche Bewegungen, vor allem aber für komplizierte Bewegungsabläufe, die eine genaue Koordination erfordern, zum Beispiel im Hundesport.

Die Eigenwahrnehmung lässt sich trainieren und damit die körperliche Verfassung des Hundes verbessern. Entsprechende Trainingseinheiten dürfen täglich absolviert werden, sollten aber höchstens zehn Minuten dauern, je nach Hund auch kürzer – entweder als eigenständige Übung oder als Abschluss einer

Nach einigen Trainingseinheiten schafft Lisboa den Eigenwahrnehmungsparcours.

Spiel- oder Trainingseinheit. Bisweilen lohnt sich die Unterstützung einer Hundetrainerin oder eines Hundetrainers: Die Profis können ein individuell abgestimmtes Trainingsprogramm speziell für deinen Vierbeiner entwickeln.

Nach einer Verletzung oder Operation geht oft ein Stück der Eigenwahrnehmung verloren. Der Hund braucht daher Zeit, um seinen Körper auf die neue Situation einzustellen. Gezielte Übungen können ihm die Rehabilitation erleichtern. Ein Verlust der Eigenwahrnehmung führt mitunter zu negativen Folgen wie langsameren Reflexen, einem schlechteren Gleichgewicht oder instabilen Gelenken.

Solche Probleme können schnell Verletzungen nach sich ziehen.

Völlig gefahrlos für deinen Vierbeiner lassen sich die folgenden drei Übungen durchführen.

VORSICHT

Nicht alle Eigenwahrnehmungsübungen sind für Hunde aller Altersklassen und in jeder körperlichen Verfassung geeignet. Deshalb sollte man bei Personen vorsichtig sein, die so etwas ohne entsprechende Ausbildung anbieten. Durch fehlende Vorkenntnisse können die Übungen ungewollt Verletzungen verursachen oder dem Hund falsche Bewegungsmuster an-gewöhnen. Sieh also genau hin, wenn du dir professionelle Hilfe für diese Übungen suchst.

MIKADO

Leg mehrere Stangen auf den Boden (zum Beispiel Besenstiele) und verteile Leckerlis dazwischen und um sie herum. Beim Suchen zwischen den Stangen muss dein Hund darauf achten, wohin er seine Pfoten setzt.

IN PYLONEN SUCHEN

Verteile Pylonen auf dem Boden und verstecke in einigen Leckerlis, die dein Hund dann suchen muss. Diese Übung traininert die Eigenwahrnehmung am Kopf. Außerdem ist sie eine wunderbare Vorbereitung auf ein angstfreies Maulkorbtraining: Dein Hund lernt dabei mithilfe positiver Verstärkung, seine Schnauze in etwas Enges zu stecken.

AUF VERSCHIEDENEN UNTERGRÜNDEN LAUFEN

Ideal für Welpen: Leg Materialien mit unterschiedlicher Oberflächenbeschaffenheit auf dem Boden aus: Teppichstücke, Zeitungspapier, einen stabilen Trittbocker ... Indem er dort herumläuft, entwickelt dein Hund Vertrauen in seine Umgebung und trainiert gleichzeitig seine Eigenwahrnehmung, weil er darauf achten muss, wohin er tritt.

Bei all diesen Übungen geht es darum, dass der Hund sich seiner Bewegungen bewusst wird. Deshalb ist es wichtig, sein Tempo zu steuern. Wenn er zu schnell durch die Einheiten rauscht, lernt er nicht, auf seinen Körper zu achten. Langsame Bewegungen sind hier der Schlüssel zum Erfolg.

Wenn du deinen Vierbeiner die Übungen zu oft wiederholen oder Positionen zu lange halten lässt, trainierst du nicht mehr seine Eigenwahrnehmung, sondern seine Muskelkraft. Die ist aber nicht das Ziel! Unser Motto lautet: »langsame Bewegungen, kurzes Training«.

Variiere die Übungen, um deinem Hund vielfältige Anregungen zu bieten: Oben läuft Love über Mikadostäbe, unten sucht Skippy in Pylonen nach Leckerlis.

SPIELE für mehr Ruhe

Spielen ist in vielen Fällen eine spannende und motivierende Aktivität. Gleichzeitig lassen sich aber auch ganz spielerisch Übungen einbauen, die deinen Hund ruhiger machen.

ZUR ERINNERUNG

- körperliche Anstrengung
- geistige Anstrengung (Lernen)
- olfaktorische Aufgaben
- soziale Kontakte
- Kauen

Jeder Hund hat seine ganz eigenen Bedürfnisse – und die ändern sich mit dem Alter. Achte deshalb immer darauf, wie es deinem Vierbeiner gerade geht, und passe Futter, Bewegung und Training entsprechend an.

Kauen

Hunde brauchen ihr Leben lang etwas zum Kauen. Es hält nicht nur die Zähne gesund, sondern ist auch ein gutes Mittel zur Entspannung.

KAUEN IST EIN GRUNDBEDÜRFNIS

Dein Vierbeiner muss sich auspowern können, aber körperliche Aktivitäten sind nicht die einzige Methode, die dieses Bedürfnis erfüllt. Denk dran: Wenn er sich immer nur körperlich austobt, wird er ausdauernder und es wird immer schwieriger, ihn ganz auszulasten. Deshalb ist es sinnvoller, auf seine unterschiedlichen Bedürfnisse einzugehen und sich dabei individuell nach ihm zu richten.

Hunde sind Raubtiere. Die Beute zu töten und zu zerlegen, gehört zum normalen Ablauf einer Jagd dazu. Durch das Kauen werden die Vierbeiner auch Anspannung los. Deshalb eignet es sich sehr gut als Ersatzaktivität, wenn sie auf etwas anderes verzichten müssen: Sie können dann ihre Frustration auf etwas Erlaubtes umlenken. Kauen ist außerdem eine autonome Tätigkeit, für die dich der Hund nicht braucht – und das kann zu bestimmten Zeiten im Tagesablauf sehr praktisch sein. Welpen haben in den ersten sechs bis sieben Monaten einen stark erhöhten Kaubedarf, da das Kauen den Zahnwechsel erleichtert.

Es gibt drei Möglichkeiten, dem Hund regelmäßig etwas zum Kauen zu geben: Spielzeug, Snacks und Stöcke.

KAUSPIELZEUGE

Es gibt verschiedene Artikel aus Hartgummi, die praktisch unzerstörbar und damit »ewig« bekaubar sind. Oft lassen sie sich mit Futter befüllen und werden so für den Hund noch attraktiver.

Wichtige Vorsichtsmaßnahmen:

- Lass deinen Hund niemals unbeaufsichtigt mit diesen Spielzeugen, besonders wenn sie neu sind. So stellst du sicher, dass er sich nicht in Gefahr bringt.
- Überlass ihm Kauspielzeug nicht den ganzen Tag zur freien Verfügung – es sei denn, er zeigt ein sehr starkes Kauverlangen oder hatte bislang kaum Gelegenheit zum Kauen. Bietest du ihm das Spielzeug nur zu bestimmten Zeiten an, steigt automatisch sein Wert.
- Achte darauf, dass befüllbare Spielzeuge an jedem Ende eine Öffnung aufweisen! Wenn dein Vierbeiner die Zunge hineinsteckt, könnte sonst ein gefährlicher Unterdruck entstehen, an dem er letztendlich sogar ersticken kann.

Damit dein Hund das Kauspielzeug wieder hergibt, tauschst du es gegen ein besonders schmackhaftes Leckerli ein. So lernt er, dass es sich lohnt, Dinge freiwillig herauszugeben. Das ist besonders im Alltag wichtig, um zu vermeiden, dass er anfängt, sein Spielzeug zu verteidigen.

Wann kommt endlich das Leckerli raus?

TIPP

Leg im Sommer bei großer Hitze ein mit Nassfutter gefülltes Kauspielzeug in den Kühlschrank. So kann sich dein Vierbeiner beim Kauen gleich abkühlen.

KAUSNACKS

Eine weitere Möglichkeit sind Kausnacks. Es gibt sie in allen möglichen Varianten: Schweineohren, Kalbshufe, Rinderluftröhren, Dorschhaut usw. Für uns klingt das alles wenig appetitlich, aber dein Hund findet sie wahrscheinlich super!

Welche Kauartikel sich am besten eignen, kommt wieder ganz auf deinen Liebling an. Damit sein Kaubedürfnis wirklich befriedigt wird, müssen sie lang genug halten: Hat dein Hund den Kausnack in wenigen Sekunden verschlungen, ist er ungeeignet. Rührt er ihn aber gar nicht erst an, weil er zu hart ist, passt er ebenfalls nicht. Du musst also wieder einmal die goldene Mitte finden: appetitlich und so beschaffen, dass dein Hund ein paar Minuten lang damit beschäftigt ist.

Und noch ein Aspekt ist sehr wichtig: die Qualität. Nimm am besten hochwertige und möglichst wenig verarbeitete Produkte. Vorsicht ist vor allem bei Kauknochen aus dem Supermarkt geboten: Sie können beim Herunterschlucken gefährlich werden.

Knochen vom Schlachter kannst du deinem Hund geben, wenn sie roh sind, noch Fleischreste daran haften und dein Hund sie verträgt. Frag zur Sicherheit am besten bei deiner Tierärztin oder deinem Tierarzt nach.

STÖCKE

Vielleicht nimmt dein Hund beim Gassigehen oder im Garten Stöcke auf und kaut auf ihnen herum. Das kann auch eine Lösung sein, solange dein Hund sich dabei nicht in Gefahr bringt: Achte darauf, dass er das zerkaute Holz nicht herunterschluckt. Es besteht allerdings ein gewisses Risiko, dass ihm ein Splitter im Kiefer stecken bleibt – daher solltest du ihn immer beaufsichtigen, wenn er an einem Stock kaut.

Eine Auswahl hochwertiger Kausnacks

Hunde müssen lernen, zur Ruhe zu kommen – und wir können sie dabei unterstützen.

Zur Ruhe kommen

Damit dein Hund nach anregenden Aktivitäten wieder runterkommt und ruhiger wird, ist es nützlich, mit ihm Verhaltensweisen zu trainieren, die ihm dabei helfen. Die Aufgabe kannst du elegant in eure Spieleinheiten einbauen. Diese Technik, die auf der Arbeit der französischen Hundetrainerin Yannick Thoulon basiert, trägt dazu bei, die emotionale Kompetenz deines Hundes zu verbessern und so die Erziehung zu erleichtern.

Folgende Verhaltensweisen helfen deinem Vierbeiner, zur Ruhe zu kommen.

KOPF ABLEGEN

Wenn dein Hund auf Kommando den Kopf auf deiner Hand, deinem Knie oder einem Target ablegen kann, verschafft ihm das einen Augenblick der Ruhe und der Konzentration.

Auch bei der täglichen Körperpflege und in der Tierarztpraxis ist diese Fähigkeit sehr nützlich: Wenn dein vierbeiniger Liebling seinen Kopf auf deine Beine legt, kannst du viel leichter sein Maul untersuchen oder Ohren und Augen reinigen. Auch für ihn bedeuten diese Prozeduren dann weniger Stress.

Wenn dein Hund lernt, auf Kommando den Kopf in deine Hand zu legen, kann das bei der täglichen Pflege sehr nützlich sein.

Die Technik

Für diese Übung muss der Hund deiner Lockhand folgen können. Wir haben bereits die Technik des Lockens besprochen (siehe S. 60) – sie wird oft beim Trainieren neuer Verhaltensweisen eingesetzt.

① Halte deinem Vierbeiner die flache Hand hin und locke ihn mit der anderen, bis sein Kopf über deiner Hand ist.

② Wenn sein Kopf deine Handfläche berührt, belohnst du ihn. Wiederhole diese Abfolge mehrmals, bis die Bewegung flüssig ist.

③ Sobald er den Kopf ohne Probleme in deine Hand legt, gibst du ihm nicht mehr jedes Mal ein Leckerli, sondern nur noch ab und zu, bis du ihn schließlich gar nicht mehr belohnen musst. Nun reicht es, ihm die ausgestreckte Hand hinzuhalten, damit er seinen Kopf dort ablegt.

④ Jetzt kannst du anfangen, an der Dauer zu arbeiten: Warte mit dem Markersignal erst einige Sekunden, dann immer länger. Erhöhe dabei den Schwierigkeitsgrad aber stets nur so weit, dass dein Hund ein Erfolgserlebnis hat.

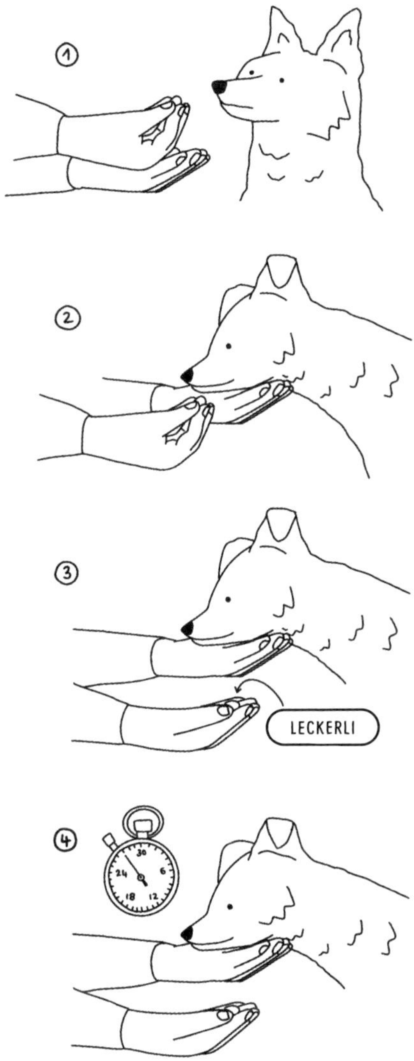

Statt der flachen Hand kannst du natürlich auch ein Wortsignal einführen.

Um deinem Vierbeiner beizubringen, den Kopf woanders abzulegen als auf deiner flachen Hand, kannst du einen Transfer ausführen: Dazu legst du deine flache Hand auf deine Beine oder eine andere Unterlage und ziehst dann die Hand bei jedem Durchgang immer weiter weg.

Bleib bei dieser Übung unbedingt geduldig und warte, bis dein Hund sie mühelos beherrscht. Erst dann ist der Moment gekommen, an dem du sie in eine Spieleinheit einbauen kannst.

DER »TOUCH« ZUR BERUHIGUNG

Der Trick »Touch« (siehe S. 72) lässt sich ebenfalls gut zum Beruhigen einsetzen.

Die »Touch«-Technik

① Klemme ein Leckerli zwischen Daumen und Zeigefinger der flachen Hand, damit dein Hund deine Handfläche mit der Nase berührt. Macht er das, belohnst du ihn mit dem Häppchen. Wiederhole diese erste Stufe der Übung ausreichend oft, bevor du zur nächsten Schwierigkeitsstufe übergehst.

② Sobald dein Hund die Übung beherrscht, tust du nur noch so, als hieltest du ein Leckerli zwischen den Fingern. Berührt dein Hund deine Hand, bestätigst du sein Verhalten und belohnst ihn, um deine Hand als Futterpunkt zu etablieren.

③ Wenn das gut klappt, kannst du ein Wortsignal wie »Touch« einführen.

WICHTIG

- Achte unbedingt darauf, das Wortsignal nicht genau in dem Moment zu geben, in dem dein Vierbeiner den »Touch« ausführt, sondern direkt davor. So kann er besser zwischen deinen Gesten und deinen verbalen Anweisungen unterscheiden.
- Wenn du deinem Hund ein neues Verhalten beibringst, solltest du das Belohnungskriterium klar definieren und immer wieder anpassen. Nicht alles muss bestätigt werden und nicht jede Belohnung muss denselben Wert haben. Um das erlernte Verhalten zu festigen, ist es wichtig, nur das zu belohnen, was deinen Hund seinem Lernziel wirklich näherbringt. Eine gute Methode ist, eure Trainingseinheiten zu filmen – so fällt es dir leichter, dein Vorgehen zu überprüfen und zu optimieren. Und vergiss nicht: Bei Bedarf kannst du jederzeit einen Profi um Unterstützung bitten!

Der verlängerte »Touch«

Um diesen Trick noch weiter auszubauen, kannst du mit deinem Vierbeiner den verlängerten »Touch« üben. Dabei berührt er deine Hand und verharrt einige Sekunden so. Es gibt gleich mehrere Techniken, um dies zu trainieren.

1. Mit dem Bestätigen warten

Benutzt du einen Marker – also ein Signal, das eine Belohnung ankündigt, wenn dein Hund das erwünschte Verhalten zeigt? Sobald dein Vierbeiner deine Hand berührt, warte ein bis zwei Sekunden, bevor du ihn bestätigst. Auf diese Weise lernt er, die Berührung so lange zu halten, bis das Signal kommt. Klappt das zuverlässig, kannst du Schritt für Schritt die Dauer erhöhen.

Manche Hunde neigen von sich aus dazu, ihr Verhalten zu verstärken, wenn sie nicht bestätigt werden – sie halten dann den »Touch« von selbst länger. Diesen brauchst du dann nur noch im richtigen Moment zu verstärken!

Ein vorbildlich ausgeführter »Touch«!

2. Hand nach hinten ziehen

Bei dieser Methode ziehst du deine Hand leicht nach hinten, kurz bevor dein Hund sie berührt. Wenn du das mehrere Male wiederholst, gewöhnt er sich daran, den »Touch« stärker auszuführen. Sobald du dann auf einmal die Hand nicht mehr nach hinten ziehst, wirst du feststellen, dass dein Vierbeiner die Nase stärker und etwas länger an deine Hand drückt. Dieses Verhalten kannst du jetzt belohnen.

3. Das Signal mehrmals wiederholen

Eine letzte Technik besteht darin, das Wortsignal zu geben und genau in dem Moment, in dem dein Hund sich bewegt, um es auszuführen, das Kommando zu wiederholen. Dieses doppelte Signal bringt ihn vielleicht dazu, seinem Verhalten mehr Nachdruck zu verleihen. Genau dies kannst du dann wiederum belohnen.

DIE RUHEPOSITION EINNEHMEN

Es ist äußerst praktisch, wenn dein Hund auf dein Signal hin zur Ruhe kommt. Für die meisten ist das verständlicherweise die »Platz«-Position. Entscheidend ist allerdings, mit welcher Energie du ihm diese beibringst.

Lässt du ihn vor aufregenden Aktivitäten – etwa einem geworfenen Spielzeug hinterherrennen oder beim Toben mit anderen Hunden – jedes Mal »Platz« machen, verknüpft er diese Position eher mit Aufregung als mit Entspannung. Dann liegt er zwar, ist aber angespannt und jederzeit bereit zum Losstürmen.

Falls das auf deinen Hund zutrifft, ist das nicht weiter schlimm! Du musst nur ein eindeutiges Entspannungssignal etablieren, damit er zwischen der dynamischen und der entspannenden Liegeposition unterscheiden kann.

Mit der folgenden Technik verknüpfst du die Liegeposition mit einem Gefühl der Ruhe und Entspannung.

Die Technik

Dein Hund soll lernen, sich auf die Seite zu legen. Idealerweise beginnst du mit dieser Übung zu Hause in ruhiger Umgebung und auf einem gemütlichen Teppich. Wenn dein Hund sie dort beherrscht, kannst du die Technik auf andere Umgebungen übertragen.

Hinlegen

Das Hinlegen trainierst du am besten aus dem Sitz heraus. Lass deinen Vierbeiner dafür zuerst ruhig vor dir sitzen.

① Locke den Hund, indem du ihm die Hand mit einem Leckerli vor die Nase hältst und zu Boden führst.

② Sobald er die Nase am Boden hat, führst du deine Hand leicht nach vorn. Achte darauf, dass sie dicht an seiner Nase bleibt. Wenn er deiner Hand folgen will, muss er sich nun hinlegen.

③ Sobald er liegt, belohnst du ihn. Wiederhole diese Übung über einige Tage hinweg immer wieder.

Achtung: Wiederholte Positionsübungen sind körperlich sehr anstrengend für den Hund. Es ist daher besser, immer nur einige Minuten am Stück zu trainieren, dafür aber mehrmals pro Tag oder pro Woche.

Funktioniert die Technik nicht, führst du deinen Vierbeiner am besten unter einem niedrigen Hindernis hindurch – das animiert ihn dazu, sich hinzulegen.

Auf die Seite legen

Sobald dein Hund zuverlässig »Platz« macht, kannst du ihm beibringen, sich auf die Seite zu legen.

④ Führe deine Lockhand dafür leicht nach vorn und dann ein Stück zur Seite. Du kannst dabei so vorgehen wie beim Trick »Rolle« (S. 71), hörst aber auf, bevor er sich herumdreht.

⑤ Gib dem Hund das Wortsignal, sich auf die Seite zu legen, etwa »Ruhe«. Wie das genau funktioniert, ist auf S. 73 unter »Peng« beschrieben.

DIE RUHEPOSITION EINNEHMEN

TIPPS

- **Wenn dein Hund zu aufgeregt ist,** biete ihm weniger wertvolle Leckerlis an, zum Beispiel sein übliches Trockenfutter. Manche Vierbeiner sind so begeistert von den Belohnungshäppchen, dass sie sich beim Training nur schwer zur Ruhe bringen lassen. Du solltest also wissen, was für deinen Hund am besten funktioniert, damit er beim Lernen Erfolgserlebnisse hat.
- Bei dieser Übung ist es wichtig, dass **du selbst ganz ruhig und entspannt** bist. Denk daran, dass dein Liebling deine Emotionen stark widerspiegelt. Wenn es ihm hilft, zur Ruhe zu kommen, kannst du ihn während der Übung mit beruhigenden Streicheleinheiten unterstützen – am besten langsam und ohne Druck.

Leise und ruhig bestätigen

Wenn dein Hund sich auf die Seite gelegt hat, reicht es aus, auf erste Anzeichen von Lockerung zu achten. In dieser Position sind die Muskeln größtenteils bereits entspannt, aber du kannst auch noch warten, bis du Hinweise auf eine tiefere körperliche Entspannung bemerkst, etwa eine ruhige Atmung.

Trainier diese Übungen ausgiebig, bevor du schließlich zum nächsten Schritt übergehst.

Beim Spiel wieder zur Ruhe kommen

Wenn du deinem Hund eine oder mehrere Möglichkeiten beigebracht hast, wieder zur Ruhe zu kommen (»Kopf ablegen«, »Touch« oder »Ruhe«), kannst du sie in eure Spieleinheiten integrieren.

Du wirst bald merken, wie nützlich es ist, Verhaltensweisen ins Spiel einzubauen, die normalerweise nicht dazugehören. Wenn sie vorher mit Entspannung und Zur-Ruhe-Kommen verknüpft werden, kannst du mit deinem Hund üben, aus einem Erregungszustand in eine ruhigere Gemütsverfassung zurückzufinden.

Damit verbesserst du seine Fähigkeit, sich zu beruhigen, ohne aus Überforderung zu blockieren. Gleichzeitig lernt er, in einem emotionalen Zustand zu bleiben, den er selbst gut regulieren kann.

Im Alltag kann dieses Training zum Beispiel das Abrufen erleichtern, indem es die Fähigkeit deines Hundes stärkt, auf etwas zu verzichten. Es kann sich auch positiv auf seine Sozialkontakte mit Artgenossen auswirken – vor allem wenn dein Vierbeiner dazu neigt, andere Hunde zu bedrängen. Dieses Verhalten entsteht oft, wenn ein Hund übererregt ist und die Signale seiner Spielgefährten nicht mehr richtig wahrnimmt.

Seinen Hund beruhigen zu können, ist eine äußerst wertvolle Übung.

DIE TECHNIK

Bevor du mit dieser Übung beginnst, solltest du deinem Hund den korrekten Umgang mit Spielzeug beigebracht haben (siehe S. 40–53). Schritte zu überspringen, kann an dieser Stelle zu Misserfolgen führen – und das solltest du beim Spielen unbedingt vermeiden.

Stufe 1

Klappt das Spielen mit Spielzeugen gut, legst du in einer Einheit eine Pause ein und gibst deinem Hund das Signal, zur Ruhe zu kommen (»Kopf ablegen«, »Touch« oder »Ruhe«).

FALLS ES NICHT KLAPPT

Wenn das nicht funktioniert und dein Hund nicht zur Ruhe kommt, sind die vorherigen Lernschritte offenbar noch nicht ausreichend gefestigt. Zur Unterstützung kannst du die entsprechenden Verhaltensweisen vor der Spieleinheit noch einmal trainieren. Hat dein Hund die Übungen frisch im Gedächtnis, lassen sie sich vielleicht besser abrufen. Außerdem kannst du die Spieleinheit etwas ruhiger gestalten, damit sein Erregungsniveau nicht zu hoch wird. Je ausgelassener dein Hund spielt, desto schwieriger wird es, ihn wieder zur Ruhe zu bringen.

Stufe 2

Wenn auch das gut klappt, erhöhst du den Schwierigkeitsgrad allmählich, indem du die Ruhephasen verlängerst und deinen Hund dazu bringst, freiwillig den Blick vom Spielzeug abzuwenden. Er sollte in der Lage sein, das Spielzeug während der Ruhephase völlig zu ignorieren, auch wenn es weiterhin in seiner unmittelbaren Umgebung liegt.

① Beginne eine Spieleinheit.

② Hör mittendrin auf zu spielen und bring deinen Vierbeiner dazu, sich zu beruhigen. Halte ihm dazu die flache Hand hin und gib ihm das Signal, seinen Kopf darauf abzulegen.

③ Warte, bis dein Hund deiner Aufforderung nachkommt und sich seine Aufmerksamkeit auf dich richtet.

④ Sobald er ruhig und entspannt ist, setzt du die Spieleinheit fort.

Im letzten Schritt wechselst du Spiel- und Ruhephasen ab und steigerst dabei nach und nach den Erregungszustand deines Vierbeiners. So lernt er allmählich, auch in aufregenden Situationen wieder zur Ruhe zu kommen.

BEIM SPIEL WIEDER ZUR RUHE KOMMEN

DANK

Ich möchte mich bei allen bedanken, die mich in den 15 Jahren meiner Berufsausübung unterrichtet haben. Meine Ausbilderinnen und Ausbilder haben mich inspiriert, gefordert und meine Sichtweise nachhaltig geprägt. Besonders denke ich an Yannick Thoulon, die ich in diesem Buch bereits erwähnt habe und die für mich eines der wichtigsten Vorbilder in Frankreich ist.

Vielen Dank an meinen Verlag Ulmer, der mir bei diesem Buch und diesem Thema sein Vertrauen geschenkt hat.

Ich möchte auch meinen Praktikantinnen und Praktikanten danken, den zukünftigen Hundetrainerinnen und Hundetrainern, die mir seit über zehn Jahren ihr Vertrauen schenken. Sie sind für mich eine Quelle der Motivation; für sie versuche ich ständig, über mich hinauszuwachsen, um ihnen stets aktuelle und wertvolle Inhalte zu vermitteln.

Ich danke auch Marie, meiner Kollegin und Freundin bei *Nature de Chien,* die aktiv an diesem Buch mitgewirkt hat.

Vielen Dank an Justine, die die Übungsfotos für dieses Buch gemacht hat.

Und schließlich danke ich euch, meinen Leserinnen und Lesern. Ohne euch würde dieses Buch nicht existieren. Vielen Dank für euer Interesse am Verhalten und an der Erziehung eures Hundes.

Inhaltsübersicht

ZUR AUTORIN

Chloé Fesch ist Hundetrainerin und Verhaltensforscherin. 2012 gründete sie «Nature de Chien», ein Ausbildungszentrum für Hundetrainer. Sie engagiert sich stark für den Tierschutz und setzt sich international für Straßenhunde ein. In Frankreich hat sie bereits mehrere Bücher über positive Hundeerziehung veröffentlicht. Ihr Fachwissen teilt sie online auf ihrem YouTube-Kanal Nature de Chien und bei Instagram unter @nature.de.chien.

Besuche Chloé Fesch auf:

DIE BÜCHERMENSCHEN HINTER DIESEM PROJEKT

Verlagsleitung: Nadja Harzdorf-van Wickeren
Projektleitung: Ulrike Hanninger
Satz und Lektorat: Gerdi Killer, booklab GmbH, München
Cover: zero-media.net, München
Layout: Les Éditions Ulmer
Herstellung: Sandra Mulitze
Fotografie: Justine Dupré, außer Adobe Stock: S. 8–9, 17, 18, 20, 21, 22, 23, 27, 36–37, 44, 52, 53, 61, 69, 76, 77, 80, 83, 88, 90 oben, 97, 105; DepositPhotos: S. 5, 48; FinePic®, München: Umschlag; Les Éditions Ulmer: 112; Pexel: S. 59
Illustrationen: Anaïs Loué
Reproduktion: Medienprinzen, München
Druck & Bindung: Dimograf, Polen

www.gu.de/kontakt | hallo@gu.de

GU ist eine eingetragene Marke der GRÄFE UND UNZER VERLAG GmbH

1. Auflage 2026, ISBN: 978-3-7589-0167-6

WERDE TEIL DER GU-COMMUNITY!

Du und deine Familie, dein Haustier, dein Garten oder einfach richtig gutes Essen. Egal, wo du im Leben stehst: Als Teil unserer Community entdeckst du die neuesten GU-Bücher als Erstes, genießt exklusive Leseproben und erhältst wertvolle Impulse und kreative Ideen.

Worauf wartest du? Sei dabei!

www.gu.de/gu-community

Originalausgabe
© 2024 Les Éditions Ulmer
Titel der Originalausgabe:
Eduquer son chien par le jeu
33, rue du Faubourg Montmartre, 75009 Paris, Tél.: 01 48 05 03 03
www.editions-ulmer.fr

FÜR DIE UMWELT

Dieses Buch wurde auf PEFC-zertifiziertem Papier aus nachhaltiger Waldwirtschaft gedruckt. Aus Liebe zur Natur verwenden wir leichtes Papier.